微信小程序

快速开发

视频指导版

WeChat Mini Program Rapid Development

易伟 编著

人 民 邮 电 出 版 社

北 京

图书在版编目（CIP）数据

微信小程序快速开发 : 视频指导版 / 易伟编著. -- 北京 : 人民邮电出版社, 2017.5（2024.1重印）
ISBN 978-7-115-45217-7

Ⅰ. ①微… Ⅱ. ①易… Ⅲ. ①移动终端－应用程序－程序设计 Ⅳ. ①TN929.53

中国版本图书馆CIP数据核字(2017)第050472号

内 容 提 要

本书根据微信小程序的最新内容，全面系统地介绍了微信小程序的搭建和开发。主要内容包括微信小程序注册、编程基础知识、小程序架构搭建、图片组件和单击事件、表单组件和条件渲染、网络请求和 flex 布局、swiper 组件和列表渲染、页面周期和数据缓存、服务器搭建、数据库搭建和用户信息 API、交互反馈 API 和模板消息、页面参数传递和分享、画布组件和绘图 API、日期函数和函数封装、动画 API 和冒泡事件、回调函数、上传下载和录音 API、第三方工具和代码调试。

本书沿着开发流程，将小程序开发需要掌握的知识点贯穿于实例中，不仅有新程序开发的全过程及代码，还有推荐参考的相关已上线的小程序。

本书可作为微信小程序的入门书籍，适合对微信小程序初次接触、没有编程基础，或从 App 开发转向微信小程序开发的读者。如果你看了微信小程序的 QuickStart 还不甚了解，那么本书就特别适合你。

本书提供全套开发视频，并制作成二维码附于每章相应位置，读者扫码即可观看。

◆ 编　　著　易　伟
　责任编辑　武恩玉
　执行编辑　刘　尉
　责任印制　杨林杰

◆ 人民邮电出版社出版发行　　北京市丰台区成寿寺路 11 号
　邮编　100164　　电子邮件　315@ptpress.com.cn
　网址　http://www.ptpress.com.cn
　北京虎彩文化传播有限公司印刷

◆ 开本：787×1092　1/16
　印张：12.25　　　　　　2017 年 5 月第 1 版
　字数：306 千字　　　　　2024 年 1 月北京第 25 次印刷

定价：39.80 元

读者服务热线：(010)81055256　印装质量热线：(010)81055316
反盗版热线：(010)81055315

前言
Foreword

微信小程序是微信开发团队在微信公众平台之后推出的又一大利器，由于微信公众平台的巨大成功，广大程序员和用户都对微信小程序充满期待，希望抓住这次机遇。

由于微信小程序采用了全新的框架，不同于以往的 HTML5，笔者在学习过程中深深感受到初学者学习新语言的不易。特别是微信小程序的文档不够完善，还有一些 bug 存在，示例代码又用了较多简写、封装等语法，给初学者带来很多的学习困难。本书在编写过程中，使用了最粗浅的语法，从最开始的 HelloWorld 一步步深入讲解，循序渐进，在读者掌握各种基础知识后，再回头介绍小程序中的示例 QuickStart。在部署网络环境中，本书推荐初学者使用腾讯云的一键部署功能，降低 https 部署的难度。而对更复杂的加、解密、WebSocket，本书并未介绍，这些内容对初学者过于复杂，不必投入过多精力。有兴趣的读者可以在学完本书之后，再进行深入学习。

由于图书出版过程需要时间，也许你看到这本书的时候，一些东西又发生了变化。本书在编写过程中，腾讯云就对小程序做了多次调整和完善，该书内容也不得不做出相应的修改。在阅读本书过程中，小程序必定会更加完善，读者可根据小程序和腾讯云的最新文档做相应调整。

在本书前期编写过程中，网友舒畅提供了小程序账号用于开发，在此表示感谢。

为方便读者交流，笔者特建立了 QQ 群（114658661），并定期提供更新内容的技术指导。

易　伟

2017 年 2 月　于汕头

目录
Contents

第 1 章　微信小程序介绍　1

1.1　小程序的历史　2
1.2　如何访问小程序　2
1.3　小程序与 HTML5、App 的比较　5
1.4　小程序与订阅号、服务号、企业号的比较　6
1.5　小程序适合哪些程序　7
1.6　小程序开发需要什么资质和能力　7

第 2 章　微信小程序注册　9

2.1　小程序注册方法　10
2.2　小程序开发工具　10
2.3　小程序上架流程　16

第 3 章　编程基础知识　21

3.1　ES5 基础　22
3.2　WXML 基础　26
3.3　WXSS 基础　28
3.4　Mustache 基础　32

第 4 章　小程序架构搭建——从 HelloWorld 开始　34

4.1　编写 HelloWorld　35
4.2　HelloWorld 改进　38

第 5 章　图片组件和单击事件——以和弦查询为例　41

5.1　小程序功能　42
5.2　小程序编写　42

第 6 章　表单组件和条件渲染——以诉讼费计算为例　49

6.1　小程序功能　50
6.2　小程序编写　50

第 7 章　网络请求和 flex 布局——以天气查询为例　60

7.1　小程序功能　61
7.2　小程序编写　61

第 8 章　Swiper 组件和列表渲染——以微网站为例　73

8.1　小程序功能　74
8.2　小程序编写　74

第 9 章　页面周期和数据缓存——以 To Do List 为例　85

9.1　小程序功能　86
9.2　小程序编写　86

第 10 章　服务器搭建　95

10.1　腾讯云部署　96
10.2　Windows 环境　101
10.3　腾讯云 MySQL 数据库　106

第 11 章　数据库搭建和用户信息 API——以留言板为例　108

11.1　小程序功能　109
11.2　小程序编写　109

第 12 章　交互反馈 API 和模板消息——以酒店预订为例　117

12.1　小程序功能　118
12.2　小程序编写　119

第 13 章　页面参数传递和分享——以文章列表为例　131

13.1　小程序功能　132
13.2　小程序编写　132

第 14 章　画布组件和绘图 API——以马赛克为例　140

14.1　小程序功能　141
14.2　小程序编写　141

第 15 章　日期函数和函数封装——以时钟为例　148

15.1　小程序功能　149
15.2　小程序编写　149

第 16 章　动画 API 和冒泡事件——以风水罗盘为例　155

16.1　小程序功能　156
16.2　小程序编写　156

第 17 章　回调函数——以 QuickStart 为例　161

17.1　小程序功能　162
17.2　QuickStart 解读　162

第 18 章　上传下载和录音 API——以普通话练习为例　170

18.1　小程序功能　171
18.2　小程序编写　171

第 19 章　第三方工具　177

19.1　VSCode　178
19.2　CoolSite360　178
19.3　有赞小程序　179
19.4　微信小程序 CLUB　180
19.5　野狗云 SDK　180
19.6　又拍云　180
19.7　小程序商店　181

第 20 章　代码调试　182

20.1　开发工具中调试　183
20.2　手机端调试　185

PART01

第1章 微信小程序介绍

本章重点：

- 小程序、HTML5、App的区别
- 小程序、订阅号、服务号、企业号的区别
- 小程序适合的程序

■ 什么是微信小程序（简称小程序），它与 HTML5、App 有哪些区别？什么样的程序适合开发成小程序？小程序开发需要什么资质要求和知识储备？本章将回答以上问题，使读者了解微信小程序的基本知识。

1.1 小程序的历史

腾讯自 2011 年 1 月 21 日推出微信 App，2012 年 8 月 20 日，腾讯在微信中增加了微信公众账号功能。2013 年 8 月 5 日，微信 5.0 上线，微信公众账号被分为服务号和订阅号。2013 年 10 月 29 日，微信团队推出了全新的微信认证。2014 年春节，伴随着微信红包的火爆，微信支付迅速占领移动端。2014 年 5 月 29 日，微信小店上线。2014 年 9 月 17 日，微信企业号上线。2015 年 1 月 9 日，微信开放 JS-SDK，助力网页开发。2015 年 5 月 18 日，微信连 Wi-Fi 插件开始对所有公众号开放。2016 年 1 月 11 日，张小龙现身"微信公开课 Pro 版"发布会，首次发表公开演讲。也是在此次演讲中，微信官方正式宣布正在开发"应用号"，这里的应用号就是小程序的前身。同日，公众平台发布微信 Web 开发者工具。2016 年 1 月 20 日，微信发布自己的网页设计样式库 WeUI，开发者可以使用它快速开发出符合微信 UI 界面标准的网页。2016 年 4 月 19 日，Android 版微信内置浏览器全面升级至 X5 Blink 内核。这种内核可以让微信内置浏览器具有更好的 HTML5/CSS3 支持、强大的渲染能力，同时提供了硬件状态检测功能。2016 年 9 月 22 日，因苹果商店审核的原因，微信应用号更名为小程序，并发布内测邀请。2016 年 10 月 27 日，小程序新增 19 种 API 接口。2016 年 11 月 3 日，小程序开放公测。公测期间，所有政府、企业、媒体和其他机构都可以登记注册小程序。2016 年 11 月 22 日，微信小程序官方 IDE"微信开发者工具"更新，增强了网络调试的体验。2016 年 12 月 17 日，马化腾宣布春节前会正式发布小程序。2016 年 12 月 21 日，小程序新增多项功能，包括分享页面程序、模板消息、客服消息、扫一扫、带参数二维码。2017 年 1 月 9 日，小程序正式上线。

从微信小程序的诞生历程可以看出，随着微信、微信公众号的成长，微信小程序应运而生；并且，腾讯将微信小程序放在一个重要的节点上，可谓"野心很大"。

1.2 如何访问小程序

用户可以通过以下几种方法访问小程序。

线下扫码：小程序的二维码，包括普通的二维码和带参数的二维码，主要是配合商户线下推广。注意，二维码不支持长按识别，用户必须调用手机摄像头进行扫码。

微信搜索：微信搜索不仅包括在微信的首页搜索框进行搜索，也可以在微信发现栏目下方的小程序选项进行搜索，如图 1-1 所示。

公众号关联：同一运营主体，可以将公众号和小程序进行互相关联，一个公众号可以关联多个小程序，如图 1-2 和图 1-3 所示。

图 1-1　小程序入口

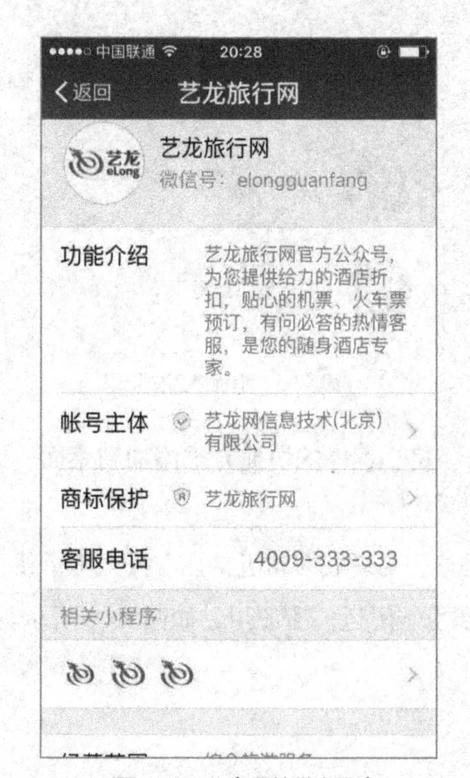

图 1-2　公众号关联小程序

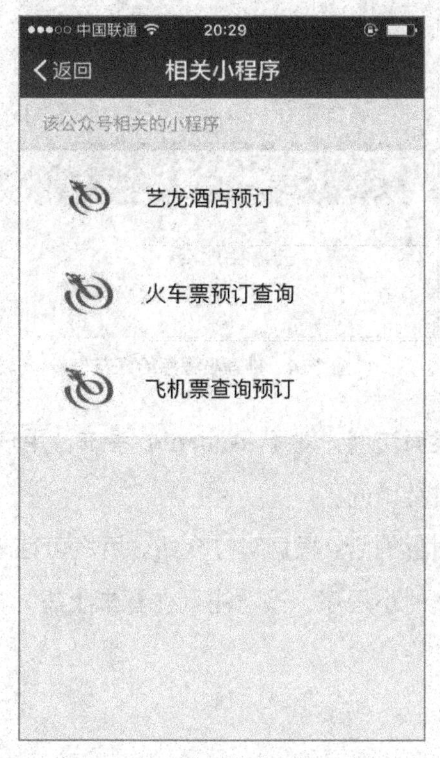

图 1-3　公众号关联多个小程序

好友推荐：微信可以分享小程序给好友和微信群，但不能分享到朋友圈。推荐可以在小程序主体信息页面进行，也可以在小程序内右上角将允许分享的页面进行分享，如图 1-4 所示。

历史记录：使用过任何一款小程序，就会在发现界面产生小程序入口。例如，用户曾经访问过的小程序可以在“发现-小程序”中进行快速访问，也可以向左划动删除历史记录，如图 1-5 所示。

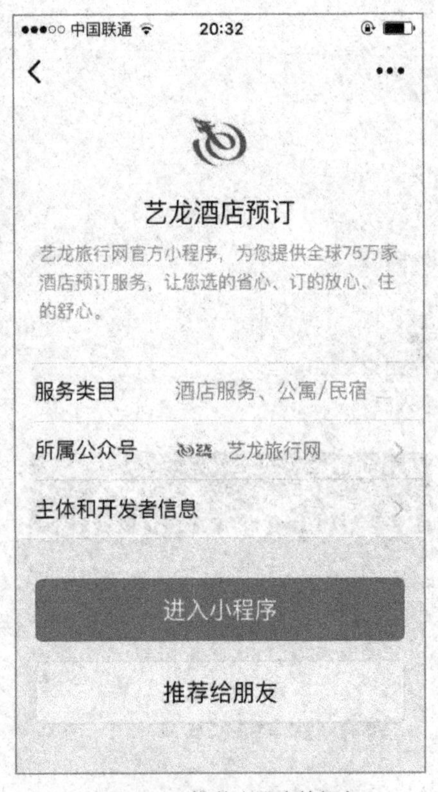

图 1-4　推荐小程序给好友

图 1-5　小程序历史记录

桌面访问：对于 Android 系统，用户可以将小程序的快捷方式添加到桌面，通过桌面进行访问。

附近的店：根据官方介绍，用户可在小程序下方单击“附近的店”搜索附近线下门店所属的小程序，该功能目前暂未上线，主要用于附近门店应用，如图 1-6 所示。

图 1-6　附近的店

1.3　小程序与 HTML5、App 的比较

小程序的特点是用完即走、访问快捷，大家都会拿它来和 HTML5 与原生 App 进行比较。小程序与两者相比，到底有何不同？笔者总结了以下几点：(1) 从申请人资格来讲，个人用户不能申请小程序，只有政府、企业或其他组织可以申请，HTML5 和 App 无个人限制；(2) 从展示内容来看，小程序是通过微信自带的框架进行渲染，HTML5 页面是通过浏览器进行渲染，而 App 可以展示的内容更加复杂；(3) 从易用性来讲，小程序大小不到 1MB，加载速度极快且无需下载，HTML5 只需浏览器即可访问，App 需下载才能使用；(4) 从开发难度来讲，小程序和 HTML5 只需开发一个版本，就可以在 iOS 和 Android 系统运行，而 App 开发需要 iOS 和 Android 两个版本；(5) 从适用类型区分，小程序适合低频、简单的应用程序，App 适合复杂、经常使用的程序，HTML5 则介于两者之间；(6) 从上架难易来看，小程序和 App 均需要审核，而 HTML5 一般不用审核。具体区别如表 1-1 所示。

表 1-1　小程序、HTML5、App 区别

类型	小程序	HTML5	App
申请资质	不能个人	不限	不限
文件大小	小，1MB	中	不限

续表

类型	小程序	HTML5	App
功能	中	少	丰富
访问速度	快	慢	中
离线	部分支持	不支持	支持
开发版本	1 个版本	1 个版本	iOS、Android 多个版本
开发难度	简单	中等	难
开发速度	快	中	慢
上架	需审核	无需审核	需审核
应用场景	低频、简单程序	中频、简单程序	高频、复杂程序
举例	我的自选股	大转盘抽奖	大智慧

1.4 小程序与订阅号、服务号、企业号的比较

从微信公众号的注册类型可以看到，小程序与订阅号、服务号、企业号同为微信公众号的账号类型，如图 1-7 所示，对比如表 1-2 所示。

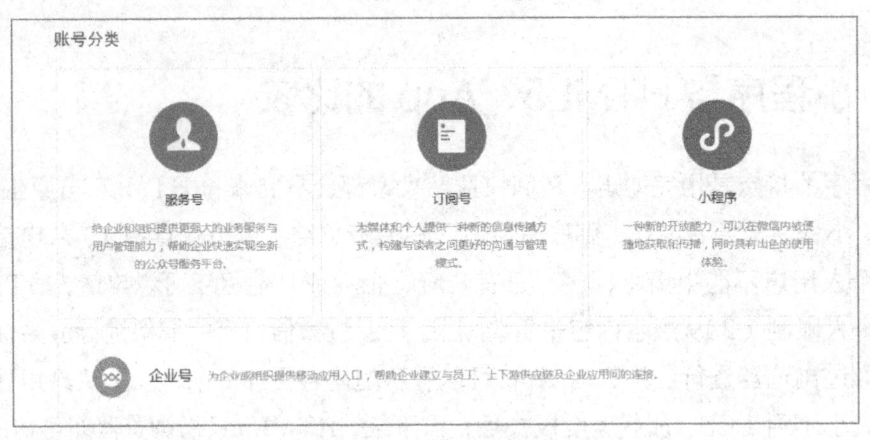

图 1-7 公众号账号分类

表 1-2 小程序、订阅号、服务号、企业号比较

类型	小程序	订阅号	服务号	企业号
申请资质	不能个人	不限	不能个人	不能个人
功能	快速便捷应用	信息传播	侧重提供服务	企业内部、上下游连接
开发难度	中	低	高	高
群发消息	无	每日一条	每月四条	不限
用户互动	48 小时	48 小时	48 小时	不限
应用场景	低频、简单程序	中频、简单程序	高频、复杂程序	企业内部程序
举例	腾讯投票	央视新闻	南方航空	哈根达斯

1.5 小程序适合哪些程序

从小程序邀请的内测程序，可以看出小程序开发的方向，如艺龙订酒店、富途牛牛股票、安居客找新房/二手房、去哪儿火车票、猫眼电影演出、美团、携程旅行、荔枝FM 播客、家装精品案例、火车票/机票、德州扑克计算器、拼团号、云阅文学、拼多多、荔枝资讯、大众点评、华西二院、食物派、夸贝圈、海南航空、美的、段掌柜、天天 gogo、水滴互助、51CTO 学院等。从小程序更新后公布的范围来看，包含有富媒体、工具、商业服务、公益、IT 科技、美食、旅游、休闲娱乐、快递邮政、教育、医疗、政务民生、金融、出行交通、房地产、体育、电商等，基本上包罗万象。但是小程序也有一些禁区，如小程序不接受游戏、算命、抽签、星座运势服务；不能提供与微信现有功能相似的服务，如朋友圈、漂流瓶等；也不能提供导航、排行榜、互推的服务；不支持诱导分享、诱导关注、虚假欺诈等内容；也不支持广告展示比例超过 50%的页面内容。另外，监管部门对小程序也有特殊要求，如证监会叫停了基金的小程序，要求暂停小程序内有关基金的交易、申赎、定投等交易功能，只能展示产品。另外，像罗辑思维下的“得到 App”小程序，经上线运行后，也主动关闭，不再提供服务，这也是考虑到该商业模式不适合自己的原因。

从目前上线的小程序来看，一些主流的 App 程序均将 App 的部分业务剥离到小程序中，典型的命名为 App+或 App-lite。例如，滴滴出行 DIDI 只是把快车业务放入小程序。

1.6 小程序开发需要什么资质和能力

小程序目前接受所有政府、企业、媒体和其他机构的申请，具体而言，就是要有组织的人，而不是个人申请。在申请过程中，需要提供组织资质证明，并需通过对公账户进行打款验证；如果是个体工商户、网店，若没有对公账户可以采取微信认证的，需每年缴纳 300 元认证费。

对于开发小程序的知识结构和能力，从小程序的架构上看，主要涉及 ES5、ES6（JavaScript）和 CSS 等内容，如表 1-3 所示。并且，小程序进行了简化和封装、统一格式化，提供了开发工具，可以说上手非常简单，即使毫无基础的读者，经过本书的学习，也能够初步掌握简单小程序的开发。对于前端工程师或者 App 工程师更容易跨界到小程序开发。因此请不要犹豫，立刻跨入小程序开发的大门吧。

表 1-3　小程序知识结构

分类	知识储备	重要性	备注
UI 布局	WXML 语法	★★★★	
美化	WXSS 语法	★★	
逻辑层	ES5，ES6	★★★★★	
服务器	PHP，Java 或 C++等	★	涉及服务器端需要
数据库	SQL	★	涉及服务器端需要

PART 02

第2章

微信小程序注册

本章重点：

- 小程序开发工具
- 小程序上架流程

■ 本章介绍微信小程序注册流程，开发工具以及上架流程。

2.1 小程序注册方法

微信小程序注册官方的网址为 https://mp.weixin.qq.com/，同公众号一样，单击右上角的立即注册，选择小程序，如图 2-1 所示；然后选择一个未注册过公众号和微信的邮箱进行注册，激活邮箱后，进行信息登记。

图 2-1 小程序注册

信息登记包括填写主体信息并选择验证方式，企业类型账号可选择两种主体验证方式。

方式一：需要用公司的对公账户向腾讯公司打款来验证主体身份。打款信息在提交主体信息后可以查看到。

方式二：通过微信认证验证主体身份，需支付 300 元认证费。认证通过前，小程序部分功能暂无法使用。对于没有公户的个体工商户，以及政府、媒体、其他组织类型账号，可以选择第二种方式认证。注意，这里暂时没有个人资质，**个人目前无法注册小程序**。填写完成后，录入管理员账号。管理员账号具有最高权限，可以上传和发布小程序。

注册完成后，用户可以选择完善小程序信息、补充小程序名称信息、上传小程序头像、填写小程序介绍并选择服务范围。注意，特殊行业需要有相应的特殊资质证明。

2.2 小程序开发工具

小程序自带开发工具，下载地址为 https://mp.weixin.qq.com/debug/wxadoc/

dev/devtools/download.html。其当前版本为 0.11.122100（截止到 2017 年 2 月 10 日），有 Windows64 位、32 位和苹果 MAC 版本。

注意：如何查看计算是 64 位还是 32 位？

打开控制面板，单击右上角查看方式，选择大图标，在下方选择系统，在系统类型中即可看到操作系统位数是 32 位还是 64 位，如图 2-2 所示。

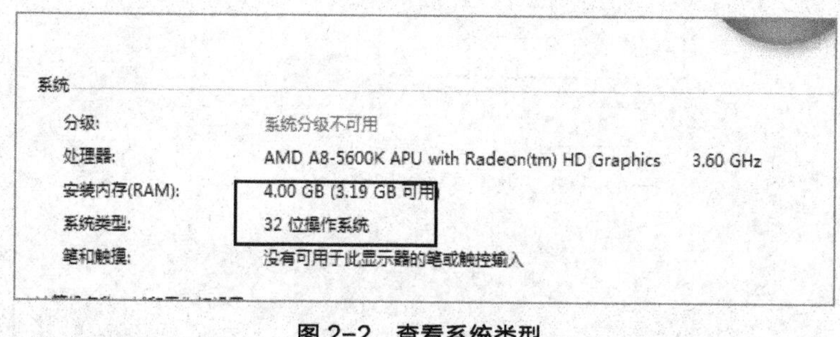

图 2-2 查看系统类型

下载完开发工具后，选择默认安装，得到微信 Web 开发者工具。该工具自带微信端模拟器、小程序预览和上传功能，建议初学者使用。当然，你还可以使用其他编程软件（如 VSCode）进行小程序的开发。第一次使用时需要微信扫码登录，如图 2-3 所示。如果是小程序的管理员或开发者，可以进行小程序的上传和真机预览调试；如果不是，则只能进行模拟器调试。

图 2-3 首次登录小程序开发工具

扫码后出现两个选项，用户可选择“本地小程序项目”，如图 2-4 所示。

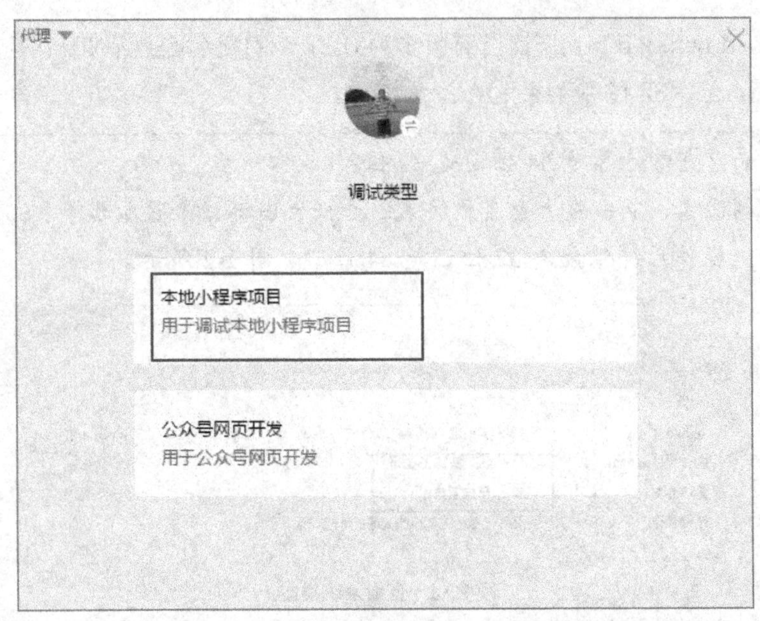

图 2-4 选择小程序开发

进入“本地小程序项目”后选择“添加项目”，如图 2-5 所示。

图 2-5 添加小程序项目

如果已经注册了小程序，用户可以在小程序的设置中找到 AppID，设置好后可以在开发工具中进行调试和上传；如果没有注册，用户可以选择右侧的“无 AppID”。这里需注意，即使只有一个 AppID 已经上线或有了测试版本，在这里仍然可以再次使用同样的 AppID 进行预览和调试程序。

这里先选择“无 AppID”，项目名称为 HelloWorld，目录选择：C:\Users\

Administrator\Desktop\小程序\HelloWorld。在下方选中“在当前目录中创建QuickStart 项目”。进入后，用户可以看到图 2-6 所示的开发工具界面。

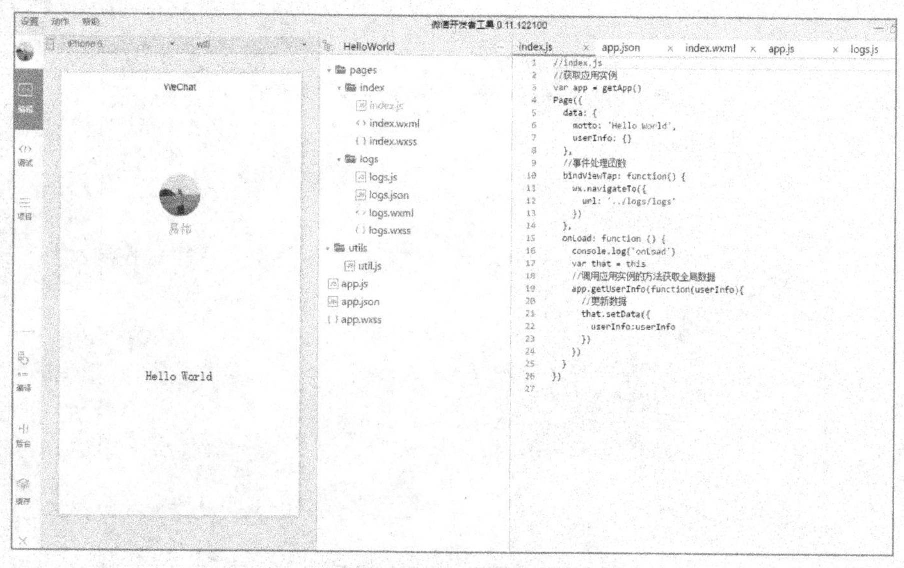

图 2-6　开发工具界面

该工具界面的上方和左侧是菜单栏，其中上方菜单栏较常用的是动作中的刷新、前进和后退。左侧菜单栏的编辑界面主要是用于编写程序的界面，调试界面下主要有 Console 和 Network 面板，用来进行程序调试（详见第 20 章），如图 2-7 所示。

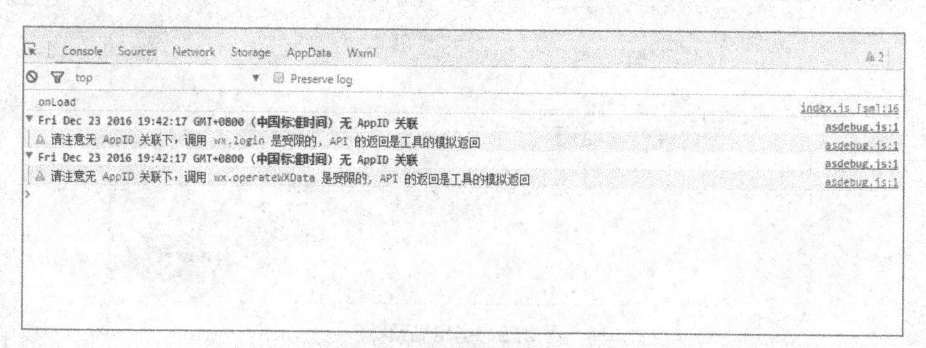

图 2-7　代码调试界面

项目界面主要用来真机预览程序和代码上传，如图 2-8 所示。注意，如果需要删除项目，用户可以在此界面的最下端选择删除。

编译界面主要用来设置自定义浏览程序，如图 2-9 所示。一般程序的启动页面是 index 页面，用户可以在此处设置不同的启动页面和启动参数。

后台界面用来模拟真机暂时退出小程序界面到微信主菜单或手机其他程序的界面。缓存界面包括清除用户数据、文件存储和用户授权数据。关闭选项为关掉当前项目，返回主菜单。

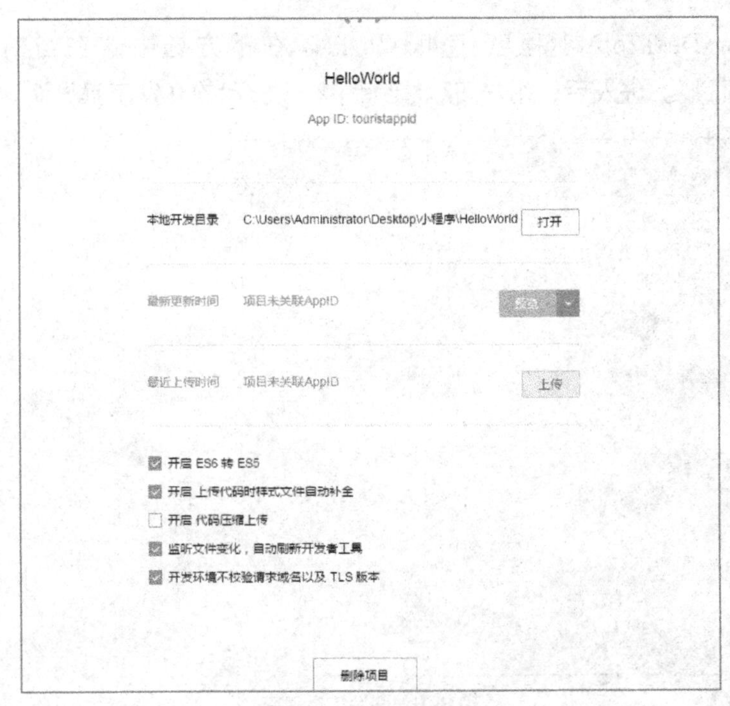

图 2-8　项目界面

自定义预览

设置启动页面 *必填

pages/person/person

设置页面自定义参数

参数

使用以上条件编译

取消　确定

图 2-9　自定义预览

图 2-6 所示主界面左侧为手机模拟器，用来模拟微信小程序在客户端的表现。绝大部分的 API 均能够在模拟器上呈现出正确的状态，但有些程序如手机罗盘数据、录音，模拟器则无法实现其状态。注意，模拟器的上部可以选择手机类型，默认为 iPhone6，但还包括 iPhone4、4s、5、6plus，Galaxy S5、Galaxy NoteII，Nexus4、5、5x、6 等机型，调试时用户可以根据需要进行选择。主界面右上部为网络状态切换，用户可以选择 Wi-Fi、2G、3G、4G。

图 2-6 所示主界面中间为小程序的目录结构，一般包括 app.js、app.json、app.wxss，以及相应目录下的文件。单击左侧的图标，用户可以将目录结构折叠，便于代码编辑。

图 2-6 所示主界面右侧为代码编辑区。开发工具的常见快捷键如表 2-1 所示。

表 2-1　开发工具常用快捷键

类型	快捷键	功能
格式调整	Ctrl+S	保存文件
	Ctrl+[，Ctrl+]	代码缩进
	Ctrl+Shift+[，Ctrl+Shift+]	折叠打开代码块
	Ctrl+C，Ctrl+V	复制粘贴
	Shift+Alt+F	代码格式化
	Alt+Up，Alt+Down	上下移动一行
	Shift+Alt+Up，Shift+Alt+Down	向上向下复制一行
	Ctrl+Shift+Enter	在当前行上方插入一行
光标相关	Ctrl+End	移动到文件结尾
	Ctrl+Home	移动到文件开头
	Ctrl+I	选中当前行
	Shift+End	选择从光标到行尾
	Shift+Home	选择从行首到光标处
	Ctrl+Shift+L	选中所有匹配
	Ctrl+D	选中匹配
	Ctrl+U	光标回退
界面相关	Ctrl +\	隐藏侧边栏
	Ctrl + M	打开或者隐藏模拟器
鼠标右键	WXML 页面	更改所有匹配项 格式化代码 命令面板
	JSON 页面	转到符号 更改所有匹配项 格式化代码 命令面板
	WXSS 页面	转到定义 查看定义 查看所有引用 转到符号 重命名符号 更改所有匹配选项 格式化代码 命令面板

续表

类型	快捷键	功能
鼠标右键	JS 页面	转到定义 查看定义 查看所有引用 转到符号 更改所有匹配选项 格式化代码 命令面板

2.3 小程序上架流程

小程序的上架需要以下几个步骤。

（1）小程序基本设置。登录微信公众平台，在设置栏目的基本设置中对小程序名称、头像进行基本设置，如图 2-10 所示。需要注意，名称和头像一个月可以修改 5 次，因此不必担心写好的小程序无法通过审核。若审核通不过，可以更换项目。

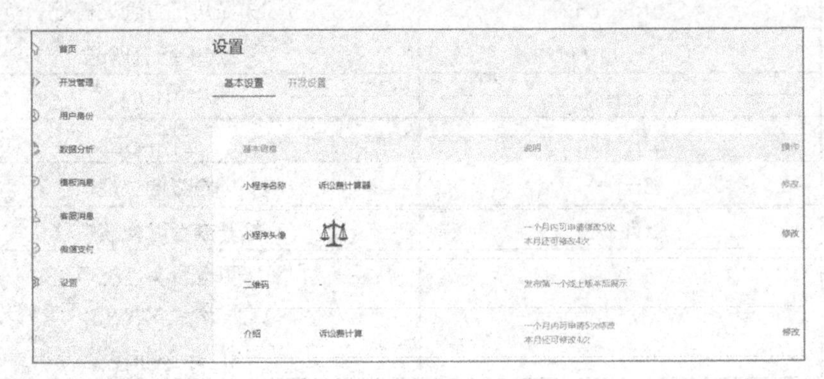

图 2-10　小程序基本设置

（2）获取 AppID。在开发设置中找到 AppID，如图 2-11 所示。

图 2-11　获取 AppID

（3）在开发工具界面填写上述的 AppID，如图 2-12 所示。

图 2-12　填写有 AppID 的项目

（4）切换到项目界面，这时可以看到开发工具会自动显示小程序设置好的图标。在第三栏选择“上传”，如图 2-13 所示。用户在上传时会弹出“版本号”项和“项目备注”项，如图 2-14 所示。

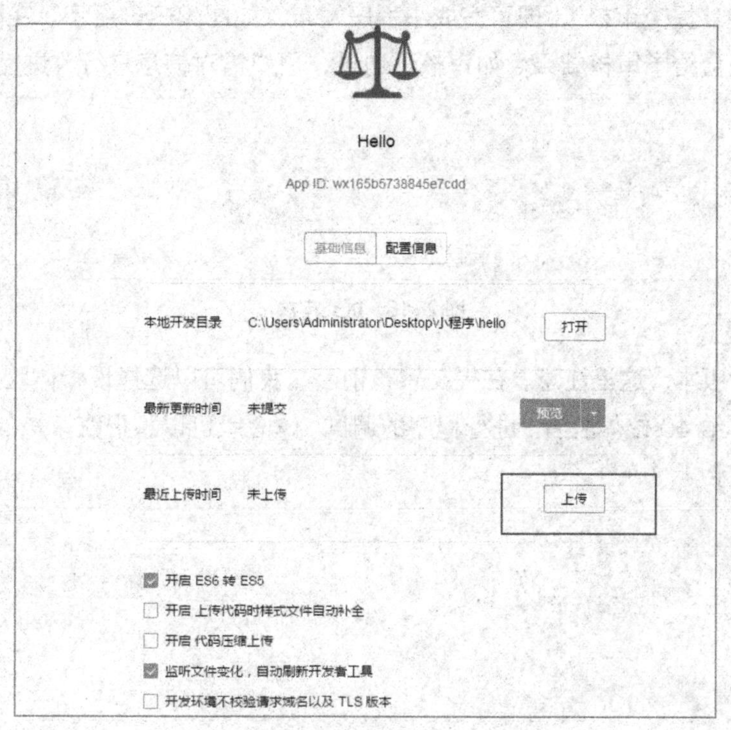

图 2-13　上传小程序

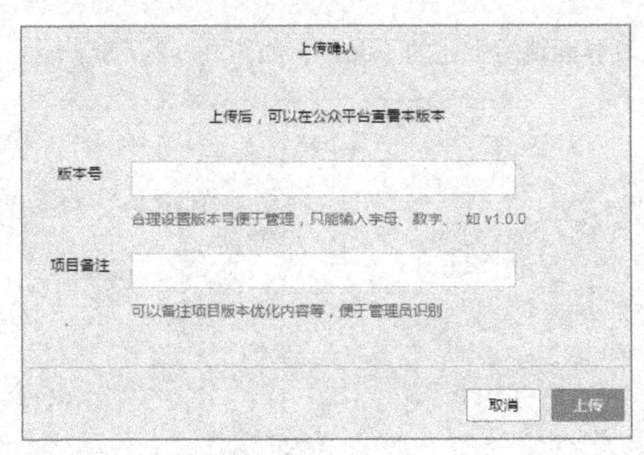

图 2-14　版本号和项目备注

（5）切换到浏览器微信公众平台的微信小程序首页，选择“前往发布”，如图 2-15 所示。

图 2-15　进行版本发布

（6）选择“提交审核”，即可完成小程序发布，如图 2-16 所示。在两个工作日左右，腾讯客服会给予审核结果。如审核不通过，用户需对信息进行改进完善。

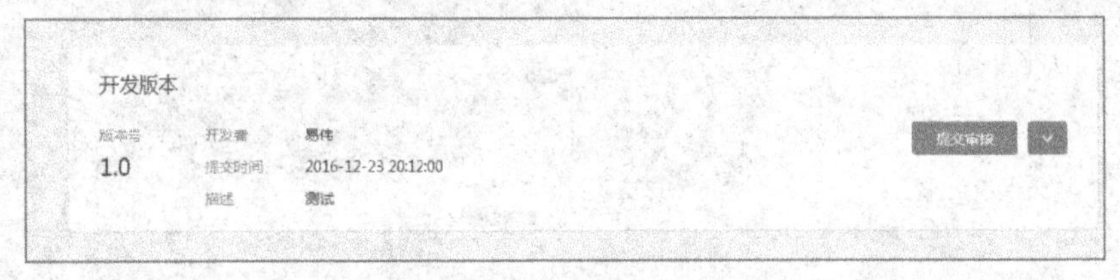

图 2-16　提交审核

（7）体验版本。这里注意，在提交审核前后，我们可以选择设置体验版。体验版的程序可以分享给 40 位体验者，进行程序的调试。体验版可以和提交审核的版本不一致，如图 2-17 所示。

图 2-17　选择体验版本

选中体验版后会产生二维码，也可以在微信端直接分享给体验者，如图 2-18 所示。

图 2-18　体验版二维码

在小程序中，可以在用户身份界面邀请体验者，收到邀请的用户需要在微信中进行确认，如图 2-19 所示。在这里，同时可以对开发者进行设置。

图 2-19　设置开发者和体验者

管理员、开发者、体验者、一般用户的权限如表 2-2 所示。

表 2-2　管理员、开发者、体验者、一般用户权限比较

权限	管理员	开发者	体验者	一般用户
小程序上线版	可访问	可访问	可访问	可访问
小程序体验版	可访问	不能访问	可访问	不能访问
代码编辑	可以	可以	不可以	不可以
代码上传	可以	不可以	不可以	不可以

PART03

第3章

编程基础知识

本章重点：

- ES5基本语法
- WXML基本语法
- WXSS基本语法
- Mustache语法

■ 本章介绍小程序开发过程中需要的编程基础知识，主要包括 ES5、WXML、WXSS 和 Mustache，为后续章节打好基础。读者也可先看后面的章节，遇到不懂的语法再到本章中查找学习。

3.1 ES5 基础

1. ES5 和 JavaScript 的关系

小程序开发框架的逻辑层是由 JavaScript 编写的。JavaScript 诞生于 1992 年，是一种直译式脚本语言，一种动态类型、弱类型、基于原型的语言，内置支持类型。它的解释器被称为 JavaScript 引擎，为浏览器的一部分，广泛用于客户端的脚本语言，最早是在 HTML 网页上使用，用来给 HTML 网页增加动态功能。Ecma 国际（前身为欧洲计算机制造商协会）以 JavaScript 为基础制定了 ECMAScript 标准，2009 年 12 月，ECMAScript 5.0 版（简称 ES5）正式发布。2015 年 6 月 17 日，ECMAScript 6（简称 ES6）发布。随着小程序版本的更新，小程序对 ES6 也开始部分支持。由于微信小程序会在 iOS、Android 以及 Chrome 三个平台运行，微信会将 ES6 语法转换为三端都支持的 ES5 代码，因此，建议开发者直接使用 ES5 代码。本书也以 ES5 基础知识进行介绍。JavaScript 运行在浏览器端，以<% %>进行标识，而小程序 ES5 的运行均在.js 文件中，无需进行标识。需要注意的是，由于小程序框架并非运行在浏览器中，所以 JavaScript 在 Web 中的一些语法都无法使用，如 Document，Window 等。

2. ES5 变量类型

ES5 中的变量在使用前需要声明，语法为 var。一个好的编程习惯是，在代码开始处，统一对需要的变量进行声明。变量命名第一个字符必须是字母、下划线（_）或美元符号（$），余下的字符可以是下划线、美元符号、任何字母或数字字符。为便于标识，可以使用 Camel（驼峰）标记法，首字母是小写的，接下来的字母都以大写字符开头。例如，myTestValue。注意 ES5 中对大小写敏感。变量声明时可以直接赋值，赋值用“=”，如 var a=”bil”。

ES5 中的变量类型如表 3-1 所示，可以使用 typeof 获取变量类型。

表 3-1 ES5 变量

类型	说明	举例
未定义（Undefined）	有且只有一个值，没有任何被赋值的变量	undefined
空值（Null）	有且只有一个值，空值	null
布尔值（Boolean）	逻辑值两个，真、假	true ,false
字符串（String）	字符串，文本数据，用单引号或双引号包含	‘Abc’,’中国’
数值（Number）	数值，进行数学运算	2,-5
数组（Array）	数组，中括号[]	["Audi","BMW","Volvo"]
对象（Object）	对象	new Object()

变量又可以分为局部变量和全局变量。局部变量只有在当前函数内或 JS 文件内才

可以调用，全局变量可以在整个小程序中跨文件调用。小程序全局变量声明需要在 app.js 中声明，并使用 globe 语句。

ES5 中的常量定义为 const，定义时要同时赋值且只赋值一次，并且不能变化。

如：

```
const MY_FAV = 7;
```

3. ES5 语法

ES5 允许开发者自行决定是否以分号结束一行代码。如果没有分号，ES5 就把换行代码的结尾看作该语句的结尾，最好的代码编写习惯是加入分号。

```
var test1 = "red"
var test2 = "blue";
```

ES5 有两种类型的注释：单行注释以双斜杠开头（//），多行注释以单斜杠和星号开头（/*），以星号和单斜杠结尾（*/）。

```
//this is a single-line comment


/*this is a multi-
line comment*/
```

括号表示代码块，代码块表示一系列应该按顺序执行的语句，这些语句被封装在左括号（{）和右括号（}）之间。

```
if (test1 == "red") {
    test1 = "blue";
    alert(test1);
}
```

4. ES5 关键字和保留字

ES5 中关键字是被保留的，不能用作变量名或函数名。具体如下：break、case、catch、continue、default、delete、do、else、finally、for、function、if、in、instanceof、new、return、switch、this、throw、try、typeof、var、void、while、with。

保留字是为将来的成为关键字而保留的单词。因此保留字也不能被用作变量名或函数名。具体如下：abstract、boolean、byte、char、class、const、debugger、double、enum、export、extends、final、float、goto、implements、import、int、interface、long、native、package、private、protected、public、short、static、super、synchronized、throws、transient、volatile。

5. ES5 变量类型转换

数值转字符串，使用 number.toString()或者 String(number)；

字符串转数值，使用 string.toNumber()或者 Number(string)；

字符串转对象，使用 JSON.parse()，注意小程序不支持 eval()。

6. ES5 运算符

（1）逻辑运算符

在 ES5 中，逻辑 AND 运算符用双和号（&&）表示，逻辑 OR 运算符由双竖线（||）表示，逻辑和与逻辑或运算如表 3-2 和表 3-3 所示。

表 3-2　逻辑和运算

A	B	A && B
True	True	true
True	False	false
False	True	false
False	False	false

表 3-3　逻辑或运算

A	B	A || B
True	True	true
True	False	true
False	True	true
False	False	false

（2）等性运算符

在 ES5 中，等号由双等号（==）表示，当且仅当两个运算数相等时，它返回 true。非等号由感叹号加等号（!=）表示，当且仅当两个运算数不相等时，它返回 true。为确定两个运算数是否相等，这两个运算符都会进行类型转换。

（3）赋值运算符

简单的赋值运算符由等号（=）实现，只是把等号右边的值赋予等号左边的变量。如：

```
var iNum = 10;
```

复合赋值运算是由乘性运算符、加性运算符或位移运算符加等号（=）实现的。这些赋值运算符是下列这些常见情况的缩写形式：

```
var iNum = 10;
iNum = iNum + 10;
```

可以用一个复合赋值运算符改写第二行代码：

```
var iNum = 10;
iNum += 10;
```

（4）逗号运算符

用逗号运算符可以在一条语句中执行多个运算，逗号运算符常用于变量声明中。如：

```
var iNum1 = 1, iNum = 2, iNum3 = 3;
```

（5）条件（三元）运算符

根据条件进行赋值，使用问号（?）和冒号（:），格式如下：

```
variable = boolean_expression ? true_value : false_value;
```

表达式主要是根据 boolean_expression 的计算结果有条件地为变量赋值。如果 boolean_expression 结果为 true，就把 true_value 赋给变量；如果结果是 false，就把 false_value 赋给变量。

7. ES5 语句

（1）条件语句

ES5 条件语句有两种格式：使用 if...else 或 if...else if ...else。

```
if (condition) statement1 else statement2
if (condition1) statement1 else if (condition2) statement2 else statement3
```

多条件语句也可以使用 switch 代替。

```
switch (expression)
  case value: statement;
    break;
  case value: statement;
    break;
  case value: statement;
    break;
  case value: statement;
    break;
...
  case value: statement;
    break;
  default: statement;
```

（2）循环条件语句

do-while 语句是后测试循环，即退出条件在执行循环内部的代码之后计算。这意味着在计算表达式之前，至少会执行循环主体一次。它的语法如下：

```
do {statement} while (expression);
```

while 语句是前测试循环。这意味着退出条件是在执行循环内部的代码之前计算的。因此，循环主体可能根本不被执行。它的语法如下：

```
while (expression) statement
```

for 语句是前测试循环，而且在进入循环之前，能够初始化变量，并定义循环后要执行的代码。它的语法如下：

```
for (initialization; expression; post-loop-expression) statement
```

8. ES5 函数

ES5 函数是一组可以随时随地运行的语句。ES5 函数的声明方式为：关键字 function、函数名、一组参数，以及置于括号中的待执行代码。它的语法如下：

```
function functionName(arg0, arg1, ... argN) {
  statements
}
```

ES5 函数可以通过其名字加上括号中的参数进行调用。

9. ES5 对象

ES5 支持面向对象编程，即具有封装、抽象、继承、多态的属性。

this 关键字用在对象的方法中，总是指向调用该方法的对象，为什么使用 this 呢？因为在实例化对象时，总是不能确定开发者会使用什么样的变量名。使用 this，即可在任何多个地方重复用同一个函数。

Array 对象为数组对象，创建数组方法如下，其中两种方法等同。

```
var LangShen = [ "Name","LangShen","AGE","28" ];
var LangShen = Array( "Name","LangShen","AGE","28" );
```

二维数组构造如下：

```
var arr = [[1,2,4,6],[2,4,7,8],[8,9,10,11],[9,12,13,15]]
```

数组中元素的排序从 0 开始，如上面的 LangShen[0]，返回值为"Name"。

数组中尾部增加元素使用 push()，如下所示：

```
LangShen.push("birth")
```

返回数组为["Name","LangShen","AGE","28", "birth"];

数组中头部增加元素使用 unshift()，如下所示：

```
LangShen. unshift ("birth")
```

返回数组为["birth", "Name","LangShen","AGE","28"   ];

数组中删除元素使用 splice (index,howmany) 语句，表示从第几个元素开始删除几个数据，如下所示：

```
LangShen.splice(0,1)
```

该语句表示删除第一个元素，返回数据为["LangShen","AGE","28", "birth"]。

3.2 WXML 基础

WXML(WeiXin Markup Language)是框架设计的一套标签语言，结合基础组件、事件系统，可以构建出页面的结构。简单地说，就是小程序的 HTML5 语言。它运行在小程序的.wxml 文件中，使用时，无需在页面头部进行声明。

1. WXML 组件

WXML 的组件有八大类，使用时用尖括号引用，需成对出现并支持嵌套，如<view></view>。组件列表如表 3-4 所示。

表 3-4 WXML 组件

视图容器	
view	基本视图容器，类似于 div
scroll-view	可滚动视图区域
swiper	滑块视图容器
基础内容	
icon	图标
text	文本
progress	进度条
表单组件	
button	按钮
checkbox	多项选择器
form	表单
button	按钮
checkbox	多项选择器
input	输入框
label	标签
picker	选择器
picker-view	滚动选择器
radio	按钮
slider	滑动选择器
input	输入框
switch	开关选择器
textarea	多行输入框
导航	
navigator	页面跳转
媒体组件	
audio	声音
image	图片
video	视频
地图	
map	地图

续表

画布	
canvas	绘图
客服对话	
contact-button	客服对话

2. WXML 组件属性

WXML 组件属性各有不同，共同属性列表如表 3-5 所示。

表 3-5 WXML 组件共同属性

属性名	值	描述
class	String	引用 wxss 表中的类
size	String	大小，单位 px
color	String	颜色，同 wxss 的 color
id	String	标识
style	String	内嵌样式
hidden	Boolean	是否隐藏
bind* / catch	EventHandler	组件事件
data-*	Any	自定义属性

对各个组件的特殊属性我们结合后面应用章节的内容再做详细介绍。

3.3 WXSS 基础

WXSS（WeiXin Style Sheets）是一套样式语言，用于描述 WXML 的组件样式。WXSS 用来决定 WXML 的组件应该如何显示。

1. WXSS 和 CSS 的异同

WXSS 具有 CSS 大部分特性，也适合其语法，目前支持 CSS2，部分支持 CSS3；不同之处在于扩展了尺寸单位和样式导入，并且存在全局样式和局部样式。

（1）尺寸单位

传统的 CSS 使用的尺寸单位有 px、pt、em、rem。

px 是像素（Pixel）：相对于显示器屏幕分辨率而言的。

pt（point）：专用的印刷单位“磅”，大小为 1/72 英寸。常用来进行字体设置，默认窗口设置下，1px = 0.75pt。

em：相对长度单位。相对于当前对象内文本的字体尺寸。如当前对行内文本的字体尺寸未被人为设置，则相当于浏览器的默认字体尺寸。任意浏览器的默认字体高都是 16px。所有未经调整的浏览器都符合：1em=16px。

rem（root em）：引进单位。使用 rem 为元素设定字体大小时，仍然是相对大小，但相对的只是 HTML 根元素。

rpx（responsive pixel）：引进单位。由于手机的大小不同，屏幕宽度不同，小程序引入了 rpx 尺寸单位，达到屏幕宽度自适应的目的。小程序里规定所有屏幕，无论大小，宽度均为 750rpx。如在 iPhone6 上，屏幕宽度为 375px，共有 750 个物理像素，则 750rpx = 375px = 750 物理像素，1rpx = 0.5px = 1 物理像素。

通过上面的介绍，一般情况下可用下面方式进行换算：

1px=2rpx

1em=32rpx

1pt=2.7rpx

在小程序中，建议统一使用 rpx 作为尺寸单位。

（2）样式导入

使用@import 语句可以导入外联样式表，@import 后跟需要导入的外联样式表的相对路径，用;表示语句结束。

（3）全局样式和局部样式

定义在 app.wxss 中的样式为全局样式，其作用于每一个页面上。在 page 的 WXSS 文件中定义的样式为局部样式，只作用在对应的页面，并会覆盖在 app.wxss 中相同的选择器上。

2. WXSS 语法

WXSS 语法由两个主要的部分构成：选择器加一条或多条声明。

```
selector {declaration1; declaration2; ... declarationN }
```

每条声明由一个属性和一个值组成。并且每个属性有一个值。属性和值被冒号分开，如下所示：

```
selector {property: value}
```

WXSS 文件中支持注释，可以用/** ... **/进行注释。

习惯上每行只描述一个属性，用于增强样式定义的可读性，举例如下：

```
/**index.wxss**/
.userinfo {
  display: flex;
  flex-direction: column;
  align-items: center;
}
```

3. WXSS 选择器

WXSS 支持的选择器如表 3-6 所示。

表 3-6　WXSS 支持的选择器

选择器	样例	描述
.class	.intro	选择所有 class="intro" 的组件
#id	#firstname	选择所有 id="firstname" 的组件
element	view	选择所有 view 组件
element，element	view，checkbox	选择所有文档的 view 组件和所有的 checkbox 组件
::after	view::after	在 view 组件后边插入内容
::before	view::before	在 view 组件前边插入内容

4．WXSS 常用属性

（1）背景属性

背景属性（background）及描述如表 3-7 所示。

表 3-7　背景属性

属性	样例	描述
background-attachment	fixed，scroll	设置背景图像是否固定或者随着页面的其余部分滚动
background-color	red	设置元素的背景颜色
background-image	url('images/a.png')	设置元素的背景图像
background-position	center	设置背景图像的开始位置
background-repeat	repeat，no-repeat	设置是否及如何重复背景图像
background-blend-mode	hard-light	设置背景混合模式
background-clip	border-box	设置背景的绘制区域
background-origin	padding-box	设置背景的相对定位
background-size	80px 60px	设置背景图像尺寸

（2）边框属性

边框属性（border）及描述如表 3-8 所示。

表 3-8　边框属性

属性	样例	描述
border-bottom	thick	设置所有的下边框属性
border-bottom-color	red	设置下边框的颜色
border-bottom-style	dotted	设置下边框的样式
border-bottom-width	2px	设置下边框的宽度
border-image	url()	设置边框图像
border-block-start	5px	设置边界块开始
border-inline-end	5px	设置边界内结束点
border-radius	25px	设置边框圆角

（3）字体属性

字体属性（font）及描述如表 3-9 所示。

表 3-9　字体属性

属性	样例	描述
font-family	simsun	规定文本的字体系列
font-size	5px	规定文本的字体尺寸
font-size-adjust	0.6	为元素规定 aspect 值。（字体的小写字母"x"的高度与"font-size"高度之间的比值被称为一个字体的 aspect 值）
font-stretch	wider	收缩或拉伸当前的字体系列
font-style	italic	规定文本的字体样式
font-variant	small-caps	规定是否以小型大写字母的字体显示文本
font-weight	bold	规定字体的粗细

（4）外边距属性

外边距属性（margin）及描述如表 3-10 所示。

表 3-10　外边距属性

属性	样例	描述
margin	10px 0px 15px 5px	在一个声明中设置所有外边距属性
margin-bottom	2px	设置元素的下外边距
margin-left	2px	设置元素的左外边距
margin-right	2px	设置元素的右外边距
margin-top	2px	设置元素的上外边距

（5）内边距属性

内边距属性（padding）及描述如表 3-11 所示。

表 3-11　内边距属性

属性	样例	描述
padding	10px 0px 15px 5px	在一个声明中设置所有内边距属性
padding -bottom	2px	设置元素的下内边距
padding -left	2px	设置元素的左内边距
padding -right	2px	设置元素的右内边距
padding -top	2px	设置元素的上内边距

（6）显示属性

显示属性（display）及描述如表 3-12 所示。

表 3-12　显示属性

属性	样例	描述
display	none	此元素不会被显示
	block	此元素将显示为块级元素，此元素前后会带有换行符
	inline	默认。此元素会被显示为内联元素，元素前后没有换行符
	inline-block	行内块元素
	flex	弹性布局

（7）颜色显示

WXSS 中的颜色显示支持三种表示方法：第一种为英文单词，如 red，black；第二种为十六进制方式，以#开头，接三个十六进制数，如#FF0000，#000000；第三种为 RGB 方式（红绿蓝颜色值），如 rgb(255,0,0, rgb(0,0,0)。CSS3 中则引入了 RGBA，在 RGB 的基础上增加了 Alpha 通道，A 表示透明度，取值 0～1 之间。

更多对应颜色可在网络上查询 CSS 颜色代码对照表。

5. 静态样式和动态样式

一般情况，我们将静态样式统一写到 class 中描述，然后在 WXSS 文件中书写。而动态样式一般用 style，混在 WXML 文件中书写，在运行时会进行解析。用户应该尽量避免将静态样式写进 style 中，以免影响渲染速度。动态样式举例如下：

```
<view style="color:{{color}};" />
```

其中{{color}}为变量。

3.4　Mustache 基础

小程序的 WXML 文件里，夹杂了 Mustache 语法。Mustache 是一个轻逻辑（logic-less）模板解析引擎，它是为了使用户界面与业务数据分离而产生的，它可以生成特定格式的文档，通常是标准的 HTML 文档。比如小程序的 WXML 中的代码{{moto}}，这里的{{ }}就是 Mustache 的语法。

Mustache 语法包括以下几种，小程序里主要使用第一种，掌握第一种即可。

{{name}}：变量替换，小程序中最为常用，一般在 JS 的 data 中进行初始化赋值或通过 page 函数下的 setDdata 进行赋值。

{{{name}}}：等同于{{&name}}，变量含有 html 的代码，不进行转义。

{{#name}} {{/name}}：区块渲染。

{{^name}} {{/name}}：区块渲染，当值为 null、undefined、false 时渲染。

{{.}}：枚举循环输出整个数组。

{{!comments}}：注释。

{{>partials}}：>开始子模块，当结构比较复杂时可以使用该语法将复杂的结构拆分成几个小的子模块。

PART04

第4章

小程序架构搭建——从HelloWorld开始

本章重点：

小程序架构 ■

全局配置 ■

■ 本章介绍从实例了解小程序架构、全局配置、页面配置、开发工具的使用方法。

4.1 编写 HelloWorld

小程序自带的 QuickStart 项目对于初学者来说，略有难度。编程语言的学习一般从最简单的 HelloWorld 项目开始，我们也从最简单的 HelloWorld 来学习微信小程序的开发。

按照第 2 章的方法创建 HelloWorld，填写 AppID（本书后面章节都已有 AppID 演示，暂时没有 AppID 的读者可以选择无 AppID），选择 HelloWorld 目录后，不要选中 QuickStart，这时创建后是一个没有任何文件的目录。读者可以将本书附带的代码拷贝到 HelloWorld 目录，也可以直接选中本书的 HelloWorld 文件夹。

按照图 4-1 所示的方法创建 app.json、app.js、pages 目录、hello 子目录，以及 hello 目录下 hello.js、hello.wxml。最后的结构如图 4-2 所示。

图 4-1 创建 app.json

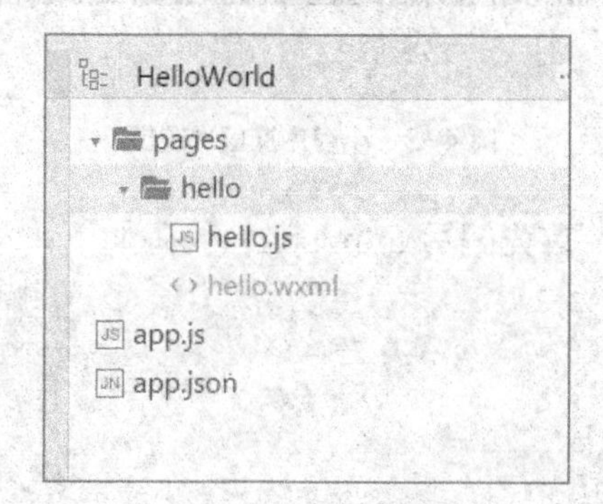

图 4-2 HelloWorld 小程序结构

以上 1 个主目录、1 个子目录和 4 个文件就是运行 HelloWorld 的最小文件结构，我们暂时还没有编写任何代码，先来介绍一下这几个文件的作用，如表 4-1 所示。

表 4-1　HelloWorld 目录结构

文件	是否必须创建	是否必须写代码	作用
app.json	是	是	小程序的全局配置，确定小程序入口，配置小程序的窗口背景色，配置导航条样式，配置默认标题
app.js	是	否	小程序脚本代码。可以在这个文件中监听并处理小程序的生命周期函数、声明全局变量
pages 目录	是		小程序中的每一个页面都放在 pages 目录下
hello 目录	是		HelloWorld 小程序下的文件放在这个目录
hello.wxml	是	是	页面结构文件，用户看到小程序的界面
hello.js	是	否	页面的脚本文件，监听并处理页面的生命周期函数、获取小程序实例、声明并处理数据、响应页面交互事件等

为进一步了解，这里介绍小程序的深层次逻辑，暂时看不懂的读者可以略过。小程序分为视图层、逻辑层、系统层，如图 4-3 所示。

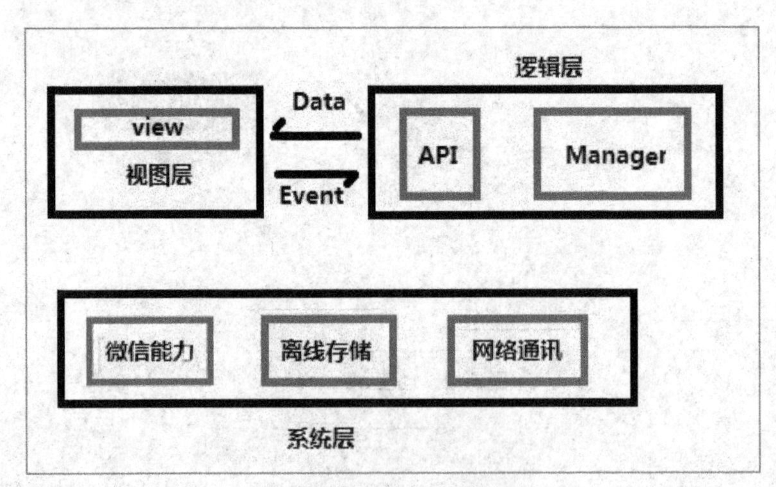

图 4-3　小程序深层次逻辑

接下来我们编写代码，首先编写 app.json，代码如下：

```
{
  "pages":[
    "pages/hello/hello"
      ]
}
```

app.json 按照以上格式进行编写，大括号内各项参数以逗号隔开，因为 HelloWorld 使用最简单的配置，因此只有一个参数 pages 用来设置页面路径，也就是小程序的“首页”。路径指引在 pages 目录下的 hello 目录下的 hello 文件，小程序会自动寻找 hello.wxml 和 hello.js。

下面再来编写 hello.wxml，也就是用户看到小程序的界面，代码如下：

```
<view>helloworld</view>}
```

在模拟器的界面已经可以看到在左上角显示 helloworld，如图 4-4 所示。

图 4-4　模拟器显示 helloworld

view 标签在小程序表示视图容器，类似于 HTML 里的<div>。

最后来编写 hello.js 文件，代码如下：

```
Page({})
```

注意代码里是大写的 P，后面是一个小括号和大括号，表示用 page 函数注册当前页面，但是我们没有对该函数进行任何处理。

到此，小程序 HelloWorld 的最简模式已经编写完成，我们使用开发工具进行调试，可以看到已经没有报错信息，也可以使用手机进行预览。注意虽然 app.js 里没有编写任何代码，但不可以删除，否则程序会报错，如图 4-5 所示。

图 4-5　缺少 app.js 报错

4.2　HelloWorld 改进

视频讲解

在 4.1 节编写的 HelloWorld 程序的基础上，我们对它再进行改进，来进一步学习相关知识。项目命名为 HelloWorld2。

4.1 节的 HelloWorld 小程序默认显示在屏幕左上角。如果我们想把它字体变大加红色并且首行居中，该如何操作呢？这就涉及小程序的样式文件 WXSS。在 hello 文件下创建 hello.wxss，代码如下：

```
view{text-align: center;
font-size:60rpx;
color:red
}
```

代码 view 表示对 hello.wxml 下的 view 元素样式进行设计，具体属性可参考第 3 章内容。

我们在当前页面的标题栏下增加 HelloWorld2 的程序名，在 hello 目录下新建 hello.json，代码如下：

```
{
"navigationBarBackgroundColor": "yellow",
  "navigationBarTextStyle": "black",
  "navigationBarTitleText": "HelloWorld2"
}
```

hello.json 是当前页面的配置文件，可以对本页面的窗口表现进行配置。注意页面中配置项会覆盖 app.json 的 Window 中相同的配置项。上述代码表示设置导航栏背景色为黄色，字体为黑体，导航栏标题为 HelloWorld2。

经过上面的两个设置，模拟器显示如图 4-6 所示。

图 4-6　改进后的 HelloWorld

接下来学习在 WXML 中使用变量，使用变量虽然会使代码增加，但可以使 WXML 中的代码保持相对稳定，修改时只在对应的 JS 文件中进行即可，使得视图和逻辑区分开。首先在 hello.wxml 中做如下修改，代码如下：

```
<view>{{helloworld}}</view>
```

在 helloworld 两侧加两个大括号，表示 helloworld 是变量。这时会发现页面上没有了 helloworld，我们要把 hellowolrd 这个变量赋值为“你好”，则需要在 hello.js 中进行修改，代码如下：

```
Page({
    data:{
        helloworld:'你好'
        }
    })
```

这个代码表示在 page 函数下，调用 data 方法进行赋值，将 helloworld 赋值为“你好”。注意为了便于代码读写，使用了代码缩进方式。

为了体会使用变量的便利，我们进一步改进，达成在单击“你好”后变成“我也好”的效果。代码如下：

```
<view bindtap="click">{{helloworld}}</view>
```

```
Page({
    data:{
        helloworld:'你好'
        },

    click:function(){
        this.setData({
        helloworld:'我也好'
    })
    }
    })
```

hello.wxml 在 view 标签中增加一个名为“click”的单击事件。hello.js 表示 click 方法为调用一个 function，然后调用赋值、渲染语句 setData 将 helloworld 赋值为“我也好”。注意参考第 3 章 this 关键字的用法。

代码单击后由“你好”变为“我也好”，如图 4-7 和图 4-8 所示。

图 4-7　显示你好

图 4-8　单击后变为我也好

PART05

视频讲解

第5章 图片组件和单击事件——以和弦查询为例

本章重点：

- flex弹性布局的使用
- 图片组件
- bindtap事件处理函数

■ 本章通过一个和弦查询小案例来进一步介绍小程序的使用，类似已上线小程序可参考开眼壁纸，其中主要使用了图片组件。

5.1 小程序功能

本章小程序的功能为查询 Ukulele 和弦。Ukulele 是很多人喜爱的乐器，因为它体积小，方便携带，只有四根琴弦，比吉他简单。初学 Ukulele 的人经常记不住各个和弦的指法，因此这个小程序就是按照 CDEFGAB 和弦顺序进行查询常用的和弦指法。程序功能主要是通过单击小程序顶部的按钮来进行七类和弦的切换，并显示相应的和弦指法，效果如图 5-1 所示。

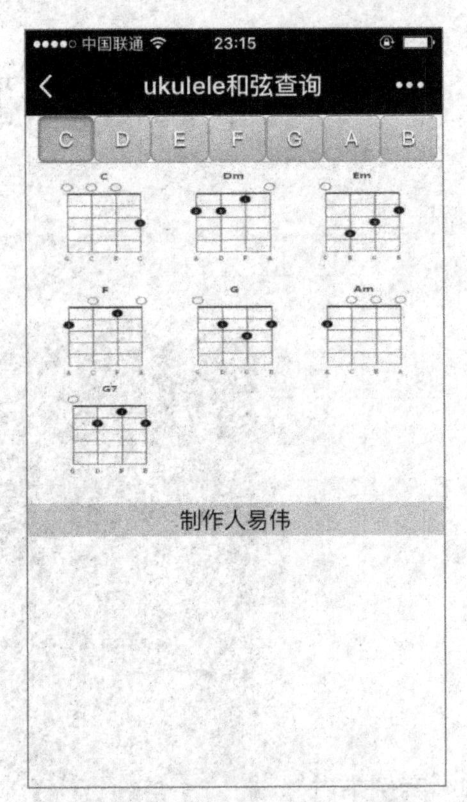

图 5-1 Ukulele 和弦查询手机效果图

通过查看效果图，读者可以得知整个程序分成三部分，第一部分为上部的按钮，第二部分为中间的和弦图，第三部分为版权制作声明。在编写小程序前，要准备好和弦图的素材，命名为 c.png、d.png、e.png、f.png、g.png、a.png、b.png，它们分别对应 CDEFGAB 和弦。

5.2 小程序编写

我们以前面章节的 HelloWord 为模板，新建项目 Ukulele 和弦查询。目录结构如图 5-2 所示。

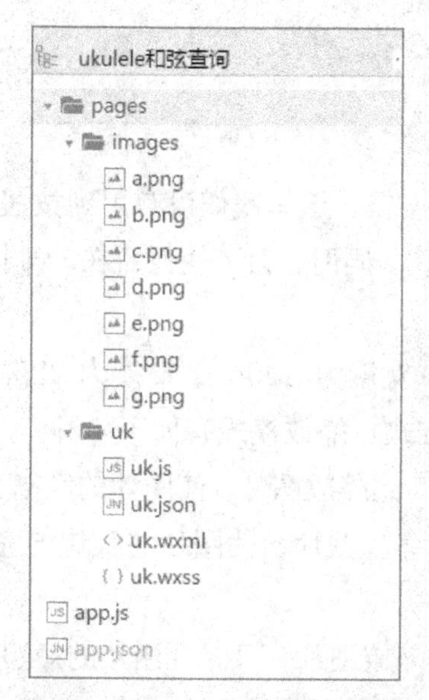

图 5-2　Ukulele 小程序目录结构

app.js 同样为空，暂时不用编写。app.json 的编写代码如下，即对标题栏进行设置。

```
{
  "pages":[
    "pages/uk/uk"
      ],
 "window":{
           "navigationBarTitleText": "ukulele和弦查询"
      }
}
```

视图文件 uk.wxml 的编写代码如下：

```
<view class="body" >
    <view class="flex-row" >
        <view bindtap='c' class="{{btnc}}">C</view>
        <view bindtap='d' class="{{btnd}}">D</view>
        <view bindtap='e' class="{{btne}}">E</view>
        <view bindtap='f' class="{{btnf}}">F</view>
        <view bindtap='g' class="{{btng}}">G</view>
        <view bindtap='a' class="{{btna}}">A</view>
        <view bindtap='b' class="{{btnb}}">B</view>
    </view>
    <view >
     <image mode="scaleToFill" src="{{src}}"></image>
    </view>
</view>
```

```
<view class="foot">
<text>制作人易伟</text>
</view>
```

图 5-1 所示上方为和弦按钮，这里我们没有用到按钮组件，而是用 WXSS 的样式构造按钮的激活和非激活模式。同时，为了使按钮在一排排列，用到了弹性布局，即在 flex-row 样式下进行设置。

Image（图片）组件默认宽度为 300px、高度为 225px，src 属性表示图片路径，mode 属性表示图片缩放的方式。缩放模式有如下 4 种。

ScaleToFill：不保持纵横比缩放图片，使图片的宽高完全拉伸至填满 image 元素。

aspectFit：保持纵横比缩放图片，使图片的长边能完全显示出来。也就是说，可以完整地将图片显示出来。

aspectFill：保持纵横比缩放图片，只保证图片的短边能完全显示出来。也就是说，图片通常只在水平或垂直方向是完整的，另一个方向将会发生截取。

widthFix：宽度不变，高度自动变化，保持原图宽高比不变。

样式文件 uk.wxss 的编写代码如下：

```
/* pages/uk/uk.wxss */
/*  主体页面布局，两边留白*/
.body{margin:0rpx 10rpx 25rpx 25rpx;


}
/*flex水平布局 */
.flex-row{
display: flex;
flex-direction: row;


}
/*未激活按钮*/
.inactive{
    display: inline-block;
    padding: 9.6rpx 16rpx;
    background-image: linear-gradient(#ddd, #bbb);
    border: 2rpx solid rgba(0,0,0,.2);
    border-radius: 9.6rpx;
    text-align: center;
    color:white;
    font-weight: bold;
    width:100rpx;
```

```
            }
    /*激活按钮,通过增加background实现*/
.active{

    display: inline-block;
    padding: 9.6rpx 16rpx;
    background-image: linear-gradient(#ddd, #bbb);
    border: 2rpx solid rgba(0,0,0,.2);
    background: #bbb;
    border-radius: 9.6rpx;
    text-align: center;
    color:white;
    font-weight: bold;
    width:100rpx;
}
 /*尾部样式*/
.foot{
text-align: center;
font-family: SimSun;
font-size:40rpx;
background-color:lightgray;

}
```

由于手机屏幕宽度为 750rpx，每个按钮宽度为 100rpx，屏幕左右各预留 25rpx 的空白。为使得小程序美观，尽量不要将程序内容充满整个屏幕宽度，四周应该留有一定的空白。

小程序的横向布局常用“display：flex;flex-direction：row;”，要熟练掌握这个用法，在以后组件横排时也经常会用到。

对于激活按钮和非激活按钮，互联网上有很多优秀的 CSS 类似样式，读者可以进行借鉴。CSS 相关基础可查看第 3 章。这里的 linear-gradient(#ddd，#bbb)含义为线性逐变，从一个颜色到另一个颜色逐渐变化，生产按钮背景颜色。激活按钮通过增加 background 背景灰色来实现与非激活按钮的区分。

逻辑文件 uk.js 的编写代码如下：

```
Page({
   //初始赋值
   data:{
      src:'../images/c.png',
```

```
        btnc:'active',
        btnd:'inactive',
        btne:'inactive',
        btnf:'inactive',
        btng:'inactive',
        btna:'inactive',
        btnb:'inactive'

        },
  //单击按钮C触发事件
  c:function(){
        this.setData({
        src:'../images/c.png',
        btnc:'active',
        btnd:'inactive',
        btne:'inactive',
        btnf:'inactive',
        btng:'inactive',
        btna:'inactive',
        btnb:'inactive'
   })
   },

 d:function(){
        this.setData({
        src:'../images/d.png',
        btnc:'inactive',
        btnd:'active',
        btne:'inactive',
        btnf:'inactive',
        btng:'inactive',
        btna:'inactive',
        btnb:'inactive'
   })
   },

  e:function(){
        this.setData({
        src:'../images/e.png',
```

```
        btnc:'inactive',
        btnd:'inactive',
        btne:'active',
        btnf:'inactive',
        btng:'inactive',
        btna:'inactive',
        btnb:'inactive'
  })
  },

 f:function(){
        this.setData({
        src:'../images/f.png',
        btnc:'inactive',
        btnd:'inactive',
        btne:'inactive',
        btnf:'active',
        btng:'inactive',
        btna:'inactive',
        btnb:'inactive'
  })
  },

 g:function(){
        this.setData({
        src:'../images/g.png',
        btnc:'inactive',
        btnd:'inactive',
        btne:'inactive',
        btnf:'inactive',
        btng:'active',
        btna:'inactive',
        btnb:'inactive'
  })
  },


 a:function(){
        this.setData({
```

```
        src:'../images/a.png',
        btnc:'inactive',
        btnd:'inactive',
        btne:'inactive',
        btnf:'inactive',
        btng:'inactive',
        btna:'active',
        btnb:'inactive'
  })
  },


b:function(){
        this.setData({
        src:'../images/b.png',
        btnc:'inactive',
        btnd:'inactive',
        btne:'inactive',
        btnf:'inactive',
        btng:'inactive',
        btna:'inactive',
        btnb:'active'
  })
  }
  })
```

页面初始化时，需要对按钮样式和图片进行赋值，而每个按钮单击时都要重新定义按钮样式和和弦图片，依次重复 7 次即可完成程序的编写。

PART06

视频讲解

第6章

表单组件和条件渲染——以诉讼费计算为例

本章重点：

- 小程序底部栏设置
- 表单组件、按钮组件、输入框组件、开关组件
- 条件渲染用法

■ 本章通过诉讼费计算进一步了解逻辑层的应用和各种组件的用法。类似已上线小程序可参考个人所得税计算。

6.1 小程序功能

本章小程序的功能为诉讼费计算（已上线）。法院收取诉讼费需要区分不同的案件类型，如经济合同、人身损害赔偿类案件要按照标的（起诉）金额进行分阶计算，类似于个人所得税的计算；如离婚类案件，则分为是否涉及财产分割，没有财产分割的诉讼费为 300 元，涉及财产分割的不超过 20 万元不另行收费，超过 20 万元的按财产金额的 5%计算。因为涉及两类案件的计算，所以小程序分为两栏，而离婚类案件中再区分是否涉及财产分割。另外注意如果是简易诉讼程序的，诉讼费减半收取。

效果如图 6-1 所示。

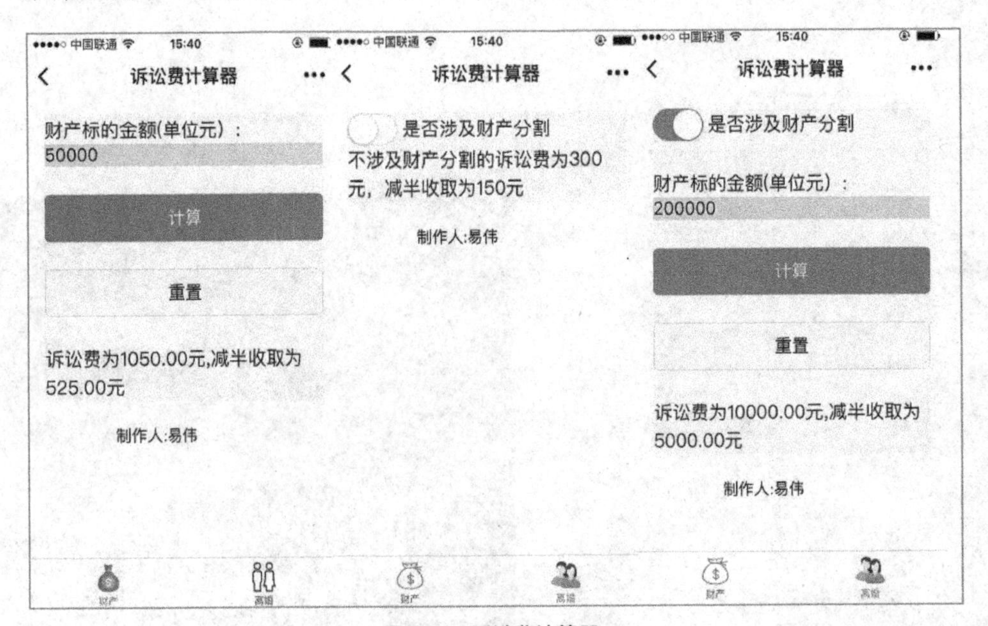

图 6-1　诉讼费计算器

通过查看效果图，可以得知整个程序分两部分，编写小程序前，要准备底部栏的选中和未选中的素材，命名为 m1.png、m2.png、n1.png、n2.png。这里要注意，底部栏的图片不能使用 gif 格式。

6.2 小程序编写

新建项目 susong（诉讼费），目录结构如图 6-2 所示。

app.js 同样为空，暂时不编写。app.json 的编写代码如下，即对标题栏和底部栏进行设置。

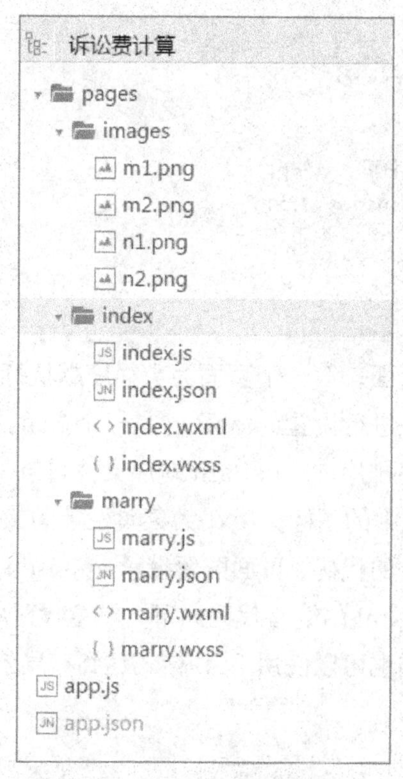

图 6-2 诉讼费小程序目录结构

```
{
  "pages":[
    "pages/index/index",
   "pages/divorce/divorce"
  ],
  "window":{
    "backgroundTextStyle":"light",
    "navigationBarBackgroundColor": "#fff",
    "navigationBarTitleText": "诉讼费计算器",
    "navigationBarTextStyle":"black"
  },
 "tabBar":
  {
    "list": [{
       "pagePath": "pages/index/index",
       "text": "财产",
        "iconPath":"pages/images/m2.png",
        "selectedIconPath":"pages/images/m1.png"
              },
```

```
{
"pagePath": "pages/divorce/divorce",
"text": "离婚",
"iconPath":"pages/images/n2.png",
"selectedIconPath":"pages/images/n1.png"
}]
}
}
```

pages 下注册对应的页面，第一个页面为小程序默认打开的页面。tabBar 下的设置内容就是在对底部菜单栏进行设置。tabBar 是一个数组，只能配置最少 2 个、最多 5 个 tab，tab 按数组的顺序排序。pagePath 对应文件目录，iconPath 为未选中时的图标，selectedIconPath 为选中的图标，text 为菜单栏上的文字。

首先来编写财产类案件的代码，页面配置继承 app.json，因此 index.json 为空，不做修改。视图文件 index.wxml 的编写代码如下，注意代码中使用了转义字符"\n"进行换行操作和页面布局，同样也可以使用 CSS 样式达到布局效果。

```
<!--index.wxml-->
<view class="page">

  <view class="body" >

    <text>财产标的金额(单位元）:</text>
    <form bindsubmit="formSubmit" bindreset="formReset">
    <view class="input">
    <input name="input"   placeholder="标的金额" type="number" />
        </view>
        <text>\n</text>
        <view>
<button formType="submit" type="primary"   >计算</button>
<text>\n</text>
    <button formType="reset">重置</button>
        </view>
        </form>
  </view>
  <view class="body">
<text>\n诉讼费为{{fei}}元,减半收取为{{fei2}}元</text>


</view>
```

```
<view class="foot">
<text >\n制作人:易伟</text>
</view>
</view>
```

我们需要使用者输入标的金额后提交，因此需要表单组件<form></form>。表单组件内可以提交用户输入和选择的 switch、input、checkbox、slider、radio、picker 等组件。表单组件的主要属性，如表 6-1 所示。

表 6-1 表单组件属性

属性名	类型	说明
bindsubmit	EventHandle	携带 form 中的数据触发 submit 事件,event.detail= {value : {'name': 'value'} , formId: ''}
bindreset	EventHandle	表单重置时会触发 reset 事件

单行输入框（input）组件用来让用户进行标的金额的输入，主要属性如表 6-2 所示。这里设置类型为数字。

表 6-2 单行输入框组件属性

属性名	类型	默认值	说明
value	String		输入框的初始内容
type	String	text	input 的类型，有效值：text，number，idcard，digit
placeholder	String		输入框提示文字
bindinput	EventHandle		当键盘输入时，触发 input 事件，event.detail = {value: value}，处理函数可以直接 return 一个字符串，将替换输入框的内容

按钮（button）组件的主要属性如表 6-3 所示。按钮设计应结合表单，一个为提交，一个为重置。提交为主按钮，设置为 primary，重置为副按钮，设置为 default。

表 6-3 按钮组件主要属性

属性名	类型	默认值	说明
size	String	default	有效值 default，mini
type	String	default	按钮的样式类型，有效值 primary，default，warn
form-type	String	无	有效值：submit，reset，用于 <form/> 组件，单击分别会触发 submit/reset 事件

样式文件 index.wxss 的编写代码如下：

```
/**index.wxss**/
.page {
```

```
  margin-top: 40rpx;
  margin-left:40rpx;
  margin-right: 40rpx;
  font-size: 47rpx;
}
.body{
  font-size:45rpx;
  background-color: mintcream;



}
.input{
  font-size: 43rpx;
background-color:lightgrey;
}

.foot{
  font-size:38rpx;
 position: relative;
 left:25%;
}
```

样式设计时用户应注意不要将小程序内容填充全部屏幕，逻辑文件 index.js 的编写代码如下：

```
//index.js
Page({
  //初始化赋值
  data: {
    fei:'',
    fei2:'',
  },
  //计算处理函数

formSubmit: function(e) {
    var a=Number(e.detail.value.input)//标的,强转为数值
    var b=0//诉讼费
    var c=0 //减半
   //诉讼费分阶计算
   if (a<=10000)
          { b=50; }
```

```
      else if(a<=100000 && a>10000)
          {b=(0.025*a-200);}
      else if(a<=200000 && a>100000)
          {b=0.02*a+300;}
      else if(a<=500000 && a>200000)
          {b=0.015*a+1300;}
      else if (a<=1000000 && a>500000)
          {b=0.01*a+3800;}
      else if (a<=2000000 && a>1000000)
          {b=0.009*a+4800;}
      else if (a<=5000000 && a>2000000)
          {b=0.008*a+6800;}
       else if (a<=10000000 && a>5000000)
          {b=0.007*a+11800;}
       else if (a<=20000000 && a>10000000)
          {b=0.006*a+21800;}
       else if(a>20000000)
       {b=0.005*a+41800;}
//减半诉讼费
     c=0.5*b
//显示计算结果
     this.setData({
       fei: b.toFixed(2),//两位小数
       fei2:c.toFixed(2),
           })
  },
//重置功能
  formReset: function() {
       this.setData({
       fei:'',
       fei2:'',
  })
    }
})
```

页面初始化时，将诉讼费和减半诉讼费初始化为空值，这样在用户进入小程序时或从离婚页面切换到财产案件时都可以对数值进行初始化。

下面是对计算按钮事件进行处理。当按钮触发后，表单进行提交，先定义变量 a 为从用户输入框中获取到的数值，由于输入后得到的是字符串格式，因此需要通过

Number 函数进行强制转换。接下来根据财产类诉讼费速算表进行编程化处理，如表 6-4 所示，得出诉讼费变量 b，最后减半计算变量 c，通过 setData 进行赋值，使用 toFixed(2) 保留 2 位小数，计算到分。按钮重置时将数值清空。

表 6-4　财产类诉讼费速算表

标的金额/元	计算方法
1 万以下	50 元
1 万～10 万	2.5%a-200 元
10 万～20 万	2%a+300 元
20 万～50 万	1.5%a+1300 元
50 万～100 万	1%a+3800 元
100 万～200 万	0.9%a+4800 元
200 万～500 万	0.8%a+6800 元
500 万～1000 万	0.7%a+11800 元
1000 万～2000 万	0.6%a+21800 元
2000 万以上	0.5%a+41800 元

对于离婚案件的计算，法律规定区分是否涉及财产分割，没有财产分割的诉讼费为 300 元，涉及财产分割的不超过 20 万元不另行收费，超过 20 万元的按分割财产的 5% 计算。我们使用表单中的开关按钮，对是否涉及财产分割进行切换，有财产分割的再按照公式进行计算。

divorce.wxml 的编写代码如下：

```
<!--marry.wxml-->
<view class="page1">
    <view class="body1" >
      <form bindsubmit="formSubmit1" bindreset="formReset1">
          <switch   bindchange="switch1Change" />是否涉及财产分割
          <view wx:if="{{condition}}">
               <text>\n财产标的金额(单位元）:</text>
              <view class="input1">
              <input name="input1"   placeholder="标的金额" type="number" />
              </view>
                <text>\n</text>
              <view>
              <button   formType="submit" type="primary">计算</button>
                <text>\n</text>
              <button formType="reset">重置</button>
              </view>
```

```
                <text>\n诉讼费为{{fei3}}元,减半收取为{{fei4}}元</text>
            </view>
            <view wx:else>
                <text>不涉及财产分割的诉讼费为300元，减半收取为150元 </text>
            </view>

        </form>
    </view>

  <view class="foot1">
  <text >\n制作人:易伟</text>
  </view>
</view>
```

这里通过使用表单的开关按钮选择器进行是否涉及财产分割切换,对应的结果使用条件渲染进行区分。小程序里条件渲染的语法如下：

```
<view wx:if="{{ condition1 }}"> 1 </view>
<view wx:elif="{{ condition2}}"> 2 </view>
<view wx:else> 3 </view>
```

可以根据具体情况决定是否使用 elif 和 else 部分的语句。如果条件 1 为逻辑真，则渲染 1 中的代码。同时 wx:if 也是惰性的，如果初始渲染条件为 false，则小程序框架什么也不做，在条件第一次变成真的时候才开始局部渲染。

样式文件 divorce.wxss 相对简单，和财产类的形式一样，代码如下：

```
/**divorce.wxss**/
.page1 {
  margin-top: 40rpx;
  margin-left:40rpx;
  margin-right: 40rpx;
  font-size: 47rpx;
}
.body1{
  font-size:45rpx;
  background-color: mintcream;
}
.input1{
  font-size: 43rpx;
background-color:lightgrey;
}
.foot1{
```

```
 font-size:38rpx;
 position: relative;
 left:25%;
}
```

逻辑层文件 divorce.js 的编写代码如下：

```
//获取应用实例

Page({
  data: {
    fei3:300,
    fei4:150,
    condition:false,
  },
  //事件处理函数

  switch1Change: function (e){
      this.setData({
        condition:e.detail.value,
        fei3:'',
        fei4:'',
    })
  },



formSubmit1: function(e) {
    var f=Number(e.detail.value.input1)//标的,强转为数值
    var g=0//诉讼费
    var h=0 //减半

     if (f<=200000)
        {g=300;}
     else if(f>200000)
        {g=0.005*f;}
    h=0.5*g

    this.setData({
      fei3: g.toFixed(2),
      fei4:h.toFixed(2),
```

```
        })
      },
  formReset1: function() {
      this.setData({
      condition:false,
        fei3:300,
        fei4:150,
  })
    }
})
```

页面初始化时 fei3、fei4 分别设置为 300、150，条件设置为 false。开关按钮切换时，fei3、fei4 清空，同时条件改为开关当前选择值。注意，这里不能设置为 ture 或 flase，因为开关是双向切换，因此值要随着开关的不同状态进行变换。获取输入值后进行诉讼费计算，然后输出，重置时同样需要对条件进行重置，设置为 false。

PART07

视频讲解

第7章 网络请求和flex布局——以天气查询为例

本章重点：

- wx.request用法
- 函数中that、this用法
- flex组件布局
- onLoad用法

■ 本章通过天气查询来学习小程序中API网络请求的用法，学习icon组件，进一步了解flex混合布局的用法。类似已上线小程序可参考天气e。

7.1 小程序功能

本章小程序的功能为对天气进行简单的查询，手机效果如图 7-1 所示。小程序进入后默认显示为北京天气，上方输入城市名称后可进行天气查询，显示结果包括天气图片、天气情况、温度，以及风向风力。

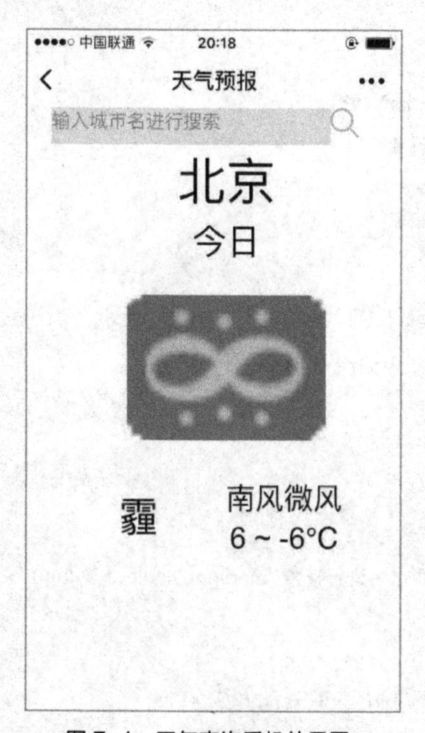

图 7-1　天气查询手机效果图

7.2 小程序编写

新建项目 weather（天气查询），目录结构如图 7-2 所示。

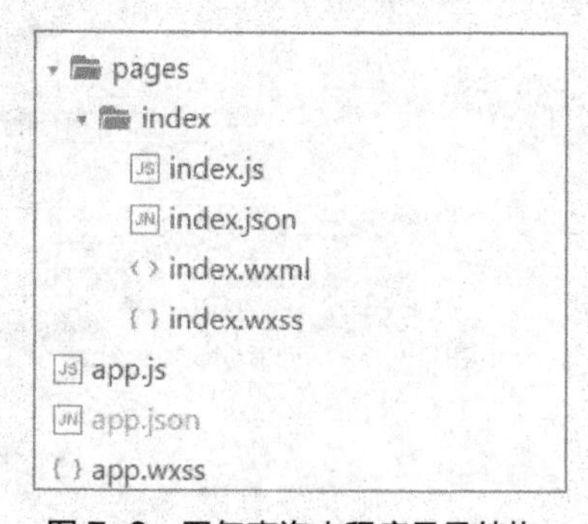

图 7-2　天气查询小程序目录结构

app.js 和 app.wxss 为空，暂时不编写。app.json 的编写代码如下，即对标题栏进行设置。

```
{
  "pages":[
       "pages/index/index"
  ],
  "window":{
     "backgroundTextStyle":"light",
     "navigationBarBackgroundColor": "#fff",
     "navigationBarTitleText": "天气查询",
     "navigationBarTextStyle":"black"
  }
}
```

接下来编写 index 目录下的代码，页面配置继承 app.json，因此 index.json 为空，不做修改。视图文件 index.wxml 的编写代码如下：

```
<!--index.wxml-->
<view class="page">
     <view class="top">
      <view class="input">
     <input   placeholder="输入城市名进行搜索" bindinput="bindKeyInput"></input>
      </view>
      <view class="icon">
     <icon type="search" size="25" bindtap="search"/>

      </view>
     </view>
  <view class="body">
       <view class="city">
          <text>{{city}}</text>
       </view>
       <view class="today">
          <text>今日</text>
       </view>
       <view >
       <image src="{{pic}}" mode="aspectFit" style="width: 400rpx; height: 400rpx"></image>
       </view>

  </view>
```

```
<view class="bottom">
    <view class="weather">
    <text>{{weather}}</text>
    </view>
    <view class="right">
            <view class="wind">
            <text>{{wind}}</text>
            </view>
            <view class="temp">
              <text>{{temp}}</text>
            </view>
    </view>
 </view>
</view>
```

通过手机预览效果，可以分析出页面主要分为三部分，上部为一个搜索框和一个图标，设置水平布局；中间是城市和天气图，设置垂直布局；下方是天气情况，设置水平和垂直的混合布局。

上部搜索框使用的单行输入框组件，第 6 章已经介绍过。新的组件是图标（icon）组件，其主要属性如表 7-1 所示，程序中对应的 type 属性为 search，这里绑定了 bindtap（单击）事件。

表 7-1　图标组件属性

属性名	类型	默认值	说明
type	String		icon 的类型，有效值：success，success_no_circle，info，warn，waiting，cancel，download，search，clear
size	Number	23	icon 大小，单位 px
color	Color		icon 颜色，同 CSS 的 color

中间的图片使用 image 组件，这里注意，image 组件如果不定义 style 的宽高，则默认宽度为 300px、高度为 225px，不会自适应图片大小。这里为了布局整齐，定义宽高均为 400rpx。

下方为一个混合布局，先是左右布局，然后是上下布局。因此分别设置了 class，并结合样式文件进行布局。

对于需要查询的天气状态都先使用变量进行占位，最后在逻辑层进行输出。

接下来编写样式文件 index.wxss 代码如下：

```
.page{
margin: 0rpx 0rpx 50rpx 50rpx
```

```
}

.top{
display: flex;
flex-direction:row;

}
.input{
width:80%;
background-color: gainsboro;

}
.icon{
    width: 10%;
}

.body{
text-align: center;
display: flex;
flex-direction:column;

}
.city{
font-size: 100rpx;
}
.today{
font-size: 70rpx;
}


.bottom{

display: flex;
flex-direction:row;
align-items:center;
text-align: center;
}
.weather{
```

```
font-size: 80rpx;
width:50%;


}
.right{
  display: flex;
flex-direction:column;
}
.wind{
font-size: 60rpx;
}
.temp{
font-size: 60rpx;
font-family: Arial, Helvetica, sans-serif
}
```

样式文件中先对整个页面的 page 下的样式进行外边距设置。对上部的 top 样式，使用 flex 布局的横向（row）排列，输入框的宽度设置为 80%，图标为 10%。中部的 body 样式，使用 flex 布局纵向(column)排列。底部使用混合布局，先设置底部 bottom 样式，设置为 flex 横向布局，这里注意，由于左边是一个元素，右边是两个元素，为了美观对齐，设置了 align-items：center，表示 flex 子元素 flex 容器的当前行的纵轴方向上的对齐方式为居中对齐；右边 right 样式设置为纵向布局。由于温度显示需要设计最低温度和最高温度，并且有波浪线，所以设置了字体格式，让波浪线居中显示，显得更美观。

最后来看逻辑层文件的编写，这是本节程序的重点。进行天气查询有两个要素，一是网络请求的方法，二是天气查询的 API。对于网络请求的方法，小程序中无需使用 JavaScript 中的方法，小程序中直接提供了 API，即 wx.request，它的主要参数如表 7-2 所示。

表 7-2　wx.request 参数

参数	类型	必填	说明
url	String	是	开发者服务器接口地址（https）
data	Object、String	否	请求的参数
header	Object	否	设置请求的 header，header 中不能设置 Referer
method	String	否	默认为 GET，有效值：（OPTIONS、GET、HEAD、POST、PUT、DELETE、TRACE、CONNECT）
dataType	String	否	默认为 json，如果设置了 dataType 为 json，则会尝试对响应的数据做一次 JSON.parse

续表

参数	类型	必填	说明
success	Function	否	收到开发者服务成功返回的回调函数，res = {data: '开发者服务器返回的内容'}
fail	Function	否	接口调用失败的回调函数
complete	Function	否	接口调用结束的回调函数（调用成功、失败都会执行）

这里与平常使用最大的不同就是发起的是 https 请求。HTTPS（全称：Hyper Text Transfer Protocol over Secure Socket Layer）是以安全为目标的 HTTP 通道，是 HTTP 的安全版，在 HTTP 下加入了 SSL 层。根据目前测试情况，管理员在手机端中仍然可以使用 http 请求，可以不设置合法域名，开发工具中如不使用 https 请求，必须在项目界面将“开发环境不校验请求域名以及 TLS 版本”项打钩，如图 7-3 所示。

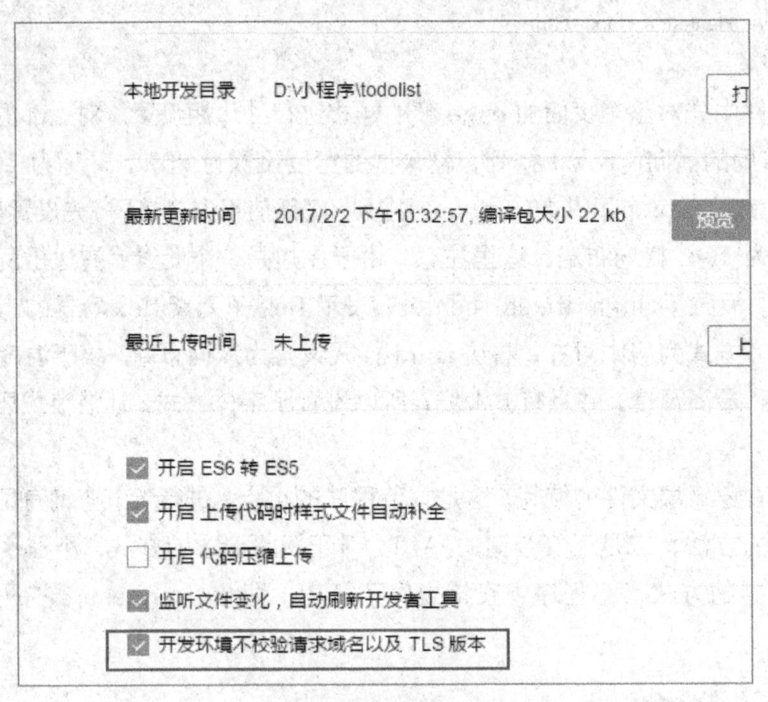

图 7-3　选中不校验 https

随着小程序的不断完善，http 请求一定会被终止。在这里，本书统一介绍使用 https 的方法。合法域名有两种，一种是开发者自己的服务器，另一种是第三方的 API。本章中，先介绍第三方 API。第三方 API，如百度地图 API，虽然服务器地址类型是 http 的，但也支持 https 访问。本章天气查询选用的是百度车联网地图中的 API，设置其合法域名要登录微信小程序后台，单击设置进入开发设置，对 request 合法域名进行设置，如图 7-4 所示。

服务器域名

服务器配置		说明	操作
request合法域名	https://api.map.baidu.com		
socket合法域名		一个月内可申请3次修改 本月还可修改0次	修改
uploadFile合法域名			
downloadFile合法域名			

图 7-4 合法域名设置

注意合法域名设置每月只能修改 3 次，且必须经过 ICP 备案。

设置完成后，我们再回头看天气查询的 API。请求方法为 GET，请求参数中一个是 output（输出 json 格式），一个是 ak 秘钥，一个就是城市，它返回的 json 格式如下：

```
{
    "error": 0,
    "status": "success",
    "date": "2017-01-02",
    "results": [
        {
            "currentCity": "汕头",
            "pm25": "60",
            "index": [
                {
                    "title": "穿衣",
                    "zs": "较舒适",
                    "tipt": "穿衣指数",
                    "des": "建议着薄外套、开衫牛仔衫裤等服装。年老体弱者应适当添加衣物，宜着夹克衫、
薄毛衣等。"
                },
                {
                    "title": "洗车",
                    "zs": "较适宜",
                    "tipt": "洗车指数",
                    "des": "较适宜洗车，未来一天无雨，风力较小，擦洗一新的汽车至少能保持一天。"
                },
                {
                    "title": "旅游",
                    "zs": "适宜",
                    "tipt": "旅游指数",
```

```
                "des": "天气较好，温度适宜，但风稍微有点大。这样的天气适宜旅游，您可以尽情地享受大自然的无限风光。"
            },
            {
                "title": "感冒",
                "zs": "较易发",
                "tipt": "感冒指数",
                "des": "相对今天出现了较大幅度降温，较易发生感冒，体质较弱的朋友请注意适当防护。"
            },
            {
                "title": "运动",
                "zs": "较适宜",
                "tipt": "运动指数",
                "des": "天气较好，但风力较大，推荐您进行室内运动，若在户外运动请注意防风。"
            },
            {
                "title": "紫外线强度",
                "zs": "弱",
                "tipt": "紫外线强度指数",
                "des": "紫外线强度较弱，建议出门前涂擦SPF在12~15之间、PA+的防晒护肤品。"
            }
        ],
        "weather_data": [
            {
                "date": "周一 01月02日 (实时：18℃)",
                "dayPictureUrl": "http://api.map.baidu.com/images/weather/day/qing.png",
                "nightPictureUrl": "http://api.map.baidu.com/images/weather/night/qing.png",
                "weather": "晴",
                "wind": "东北风微风",
                "temperature": "25 ~ 16℃"
            },
            {
                "date": "周二",
                "dayPictureUrl": "http://api.map.baidu.com/images/weather/day/duoyun.png",
                "nightPictureUrl": "http://api.map.baidu.com/images/weather/night/duoyun.png",
                "weather": "多云",
                "wind": "东风3~4级",
                "temperature": "23 ~ 16℃"
            },
```

```
            {
                "date": "周三",
                "dayPictureUrl": "http://api.map.baidu.com/images/weather/day/duoyun.png",
                "nightPictureUrl": "http://api.map.baidu.com/images/weather/night/duoyun.png",
                "weather": "多云",
                "wind": "东风3~4级",
                "temperature": "24 ~ 17℃"
            },
            {
                "date": "周四",
                "dayPictureUrl": "http://api.map.baidu.com/images/weather/day/duoyun.png",
                "nightPictureUrl": "http://api.map.baidu.com/images/weather/night/duoyun.png",
                "weather": "多云",
                "wind": "微风",
                "temperature": "25 ~ 17℃"
            }
        ]
    }
  ]
}
```

这个 API 返回的数据较多,对本章小程序有用的是 results 节点下的 weather_data 下的第一组数据，分别对应键值为 dayPictureUrl、weather、wind 和 temperature。利用 JS 的逐层解析即可获取到数据。index.js 的编写代码如下：

```
var defaultcity,getweather,gettemp,getwind,getpic,city,weather,temp,wind
Page
({
    data:
    {
    },
  //默认载入
 onLoad:function(e){
    var that=this
 defaultcity='北京'
  wx.request
      ({
         url:
'https://api.map.baidu.com/telematics/v3/weather?output=json&ak=1a3cde429f38434f1811a75e1a90310c&l
ocation='+defaultcity,
```

```
        success: function(res)
            {
                getweather=res.data.results[0].weather_data[0].weather
                gettemp=res.data.results[0].weather_data[0].temperature
                getwind=res.data.results[0].weather_data[0].wind
                getpic=res.data.results[0].weather_data[0].dayPictureUrl
                 that.setData
                 ({
                 city:defaultcity,
                 weather:getweather,
                 temp:gettemp,
                 wind:getwind,
                 pic:getpic
                 })
            }
    })
},

    //获取输入
     bindKeyInput: function(e)
      {
    defaultcity=e.detail.value
       },

    //搜索城市
    search:function(e)
    {
      var that=this
      wx.request
      ({
        url:
'https://api.map.baidu.com/telematics/v3/weather?output=json&ak=1a3cde429f38434f1811a75e1a90310c&l
ocation='+defaultcity,

       success: function(res)
           {
         getweather=res.data.results[0].weather_data[0].weather
           gettemp=res.data.results[0].weather_data[0].temperature
```

```
        getwind=res.data.results[0].weather_data[0].wind
        getpic=res.data.results[0].weather_data[0].dayPictureUrl
          that.setData
          ({
          city:defaultcity,
          weather:getweather,
          temp:gettemp,
          wind:getwind,
          pic:getpic
          })
      }
    })
  }
})
```

程序开始先对变量进行声明，发现初始数据没有需要赋值的。接下来使用了 page 函数下 onLoad 属性。page 函数的参数如表 7-3 所示。

表 7-3　page 函数参数

参数	类型	说明
data	Object	页面的初始数据
onLoad	Function	生命周期函数——监听页面加载，一个页面只会调用一次
onReady	Function	生命周期函数——监听页面初次渲染完成，一个页面只会调用一次
onShow	Function	生命周期函数——监听页面显示，每次打开页面都会调用一次
onHide	Function	生命周期函数——监听页面隐藏，navigateTo 或底部 tab 切换调用
onUnload	Function	生命周期函数——监听页面卸载，当 redirectTo 或 navigateBack 的时候调用
onPullDownRefresh	Function	页面相关事件处理函数——监听用户下拉动作
onReachBottom	Function	页面上拉触底事件的处理函数
onShareAppMessage	Function	用户单击右上角分享
其他	Any	开发者可以添加任意的函数或数据到 object 参数中，在页面的函数中用 this 可以访问

data 参数在前面的章节已经有所接触。onLoad 参数为页面加载时调用的参数。在 onLoad 方法启动后，我们直接定义了 var that=this。JavaScript 中 this 指的是 function

当前的对象，因此随着程序的运行，this 的指向经常变换，为了仍然调用初始的 funciton，我们常用 var that=this 来进行定义。定义完成后设置了程序打开的默认城市为北京，然后进行北京的天气查询，request 成功后，通过 setData 将数据从逻辑层发送到视图层。由于我们在发送数据前已经使用了 request 方法，因此 this 的指向已经变化，我们不能再用 this.setData 进行发送，而必须调用 that.setData 发送。读者可以尝试下如果这里使用 this，开发工具会显示什么错误。同样，在用户输入城市，并单击图标搜索时会重复上面的查询和赋值。

PART08

视频讲解

第8章 Swiper组件和列表渲染——以微网站为例

本章重点：

- swiper组件
- 列表渲染
- map组件
- video组件
- 客服会话组件
- 拨打电话API

■ 微信中用户可以通过企业的公众号看到企业创建的小程序，也可以通过小程序看到企业的公众号。企业可以将企业提供的一部分功能通过小程序来展现给用户，如同微网站一样。本章通过一个小程序中的微网站案例学习swiper组件、列表渲染等功能，进一步了解flex混合布局的用法。类似已上线小程序可参考王者荣耀官网。

8.1 小程序功能

本章小程序的功能为图片、视频展示，可展示位置地图和联系方式，手机效果如图 8-1 所示。

图 8-1 微网站手机效果图

8.2 小程序编写

新建项目 weawangr（微网站），目录结构如图 8-2 所示。

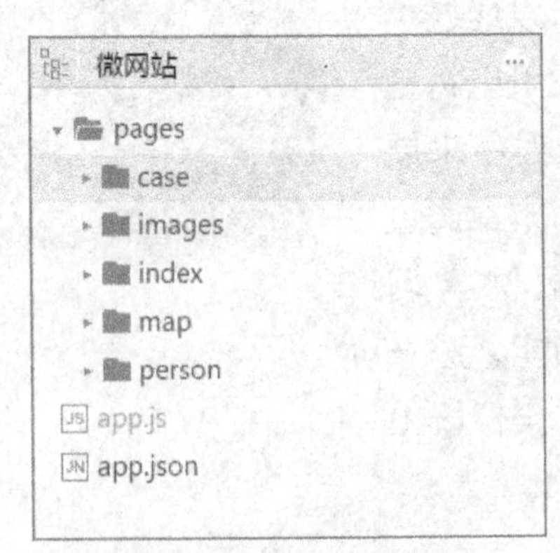

图 8-2 微网站小程序目录结构

其中，index下为首页目录，person下为个人简介页面，case下为典型案例页面，map下为地图导航页面，images目录下为图片文件，并准备好banner以及图标文件。

app.js暂时不编写。app.json的编写代码如下，即对各个目录下的页面进行配置。

```
{
  "pages":[
    "pages/index/index",
    "pages/map/map",
    "pages/person/person",
    "pages/case/case"
      ],
   "window": {
    "navigationBarTitleText": "微网"

  }
}
```

接下来编写index目录下的代码，页面配置继承app.json，因此index.json为空，不做修改。视图文件index.wxml的编写代码如下：

```
<view class="page">
<!-- 设置轮换banner -->
        <view >
            <swiper indicator-dots="ture"   autoplay="true" interval="5000" duration="1000">
            <block wx:for="{{imgUrls}}">
                <swiper-item>
                <image src="{{item}}" class="pic"/>
                </swiper-item>
            </block>
            </swiper>
        </view>
  <!-- 设置展示图标 -->
        <view class="body">
            <view class="left">
                <view class="l1"><navigator url="../person/person"> <image class="pic1" src="../images/
1.png" /></navigator></view>
                <view class="l2"><text>个人简介</text></view>
                <view class="l3"> <navigator url="../map/map"><image class="pic1" src="../images/3.png"
/></navigator></view>
                <view class="l4"> <text>地图导航</text></view>
```

```
            </view>
            <view class="right">
                <view class="l1"><navigator url="../case/case"> <image class="pic1" src="../images/
2.png" /></navigator></view>
                <view class="l2"><text>典型案例</text></view>
                <view class="l3" bindtap="phone"> <image class="pic1" src="../images/4.png" /></view>
               <view class="l4" > <text>联系方式</text></view>
            </view>
        </view>
<view class="foot"> 单击右侧,联系客服=><contact-button size="27"></contact-button>
  </view>
</view>
```

通过手机预览效果，可以分析出页面主要分为三部分，上部为一个轮换的 banner，中间为一个 2×2 的图标，下方为一个客服对话链接。

上部的轮换 banner 可以使用小程序的滑块视图容器（swiper 组件），主要属性如表 8-1 所示。

表 8-1　swiper 组件属性

属性名	类型	默认值	说明
indicator-dots	Boolean	false	是否显示面板指示点
autoplay	Boolean	false	是否自动切换
current	Number	0	当前所在页面的 index
interval	Number	5000	自动切换时间间隔
duration	Number	500	滑动动画时长
circular	Boolean	false	是否采用衔接滑动
bindchange	EventHandle		current 改变时会触发 change 事件，event.detail = {current: current}

swiper 下的子项目为 swiper-item，仅可放置在<swiper/>组件中，宽高自动设置为 100%。

在开发过程中 swiper 组件经常使用列表渲染的方法。列表渲染的基础语法如下：

```
<view wx:for="{{array}}">
  {{index}}: {{item.message}}
</view>
```

在组件上使用 wx:for 控制属性绑定一个数组，即可使用数组中各项的数据重复渲染该组件。默认数组的当前项的下标变量名为 index，数组当前项的变量名默认为 item。

block wx:for 可以将 wx:for 用在<block/>标签上，以渲染一个包含多节点的结构块。

中部的 2×2 的图标加上 4 个文字说明，构成一个 4×2 的布局。在布局方面，外层是左右横向布局，两边大小相等。内层为上下布局，共四层，其中图片和文字的比例大小为 3∶1。内容上 3 个图标链接到相关子页面，联系方式直接触发 phone 函数，并调用拨打电话 API。

下方为客服对话链接，使用到了客服对话组件（contact-button）。客服组件实现功能如图 8-3 所示，单击后会自动进入到一个微信对话界面。

图 8-3　客服会话手机界面

客服对话组件的属性如表 8-2 所示。

表 8-2　客服对话组件属性

属性名	类型	默认值	说明
size	Number	18	会话按钮大小，有效值 18～27，单位为 px
type	String	default-dark	会话按钮的样式类型，有效值 default-dark，default-light
session-from	String		用户从该按钮进入会话时，开发者将收到带有本参数的事件推送。本参数可用于区分用户进入客服会话的来源
size	Number	18	会话按钮大小，有效值 18～27，单位为 px

我们一般只需要设置 size 大小属性即可。微信客服虽然可以使用 API 调用，但对一般用户而言，使用网页客服更加方便简单，使用方法如图 8-4 所示。

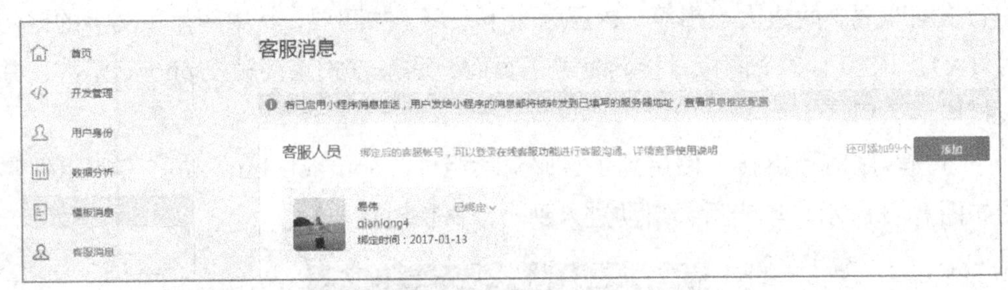

图 8-4　设置客服消息

登录小程序后台，在左侧客服消息中添加客服人员，客服人员在手机微信中确定。客服人员登录在线网页客服系统如图 8-5 所示。单击右上角的设置，还可进行接入和离开设置以及快捷回复，设置比较简单，不再介绍。

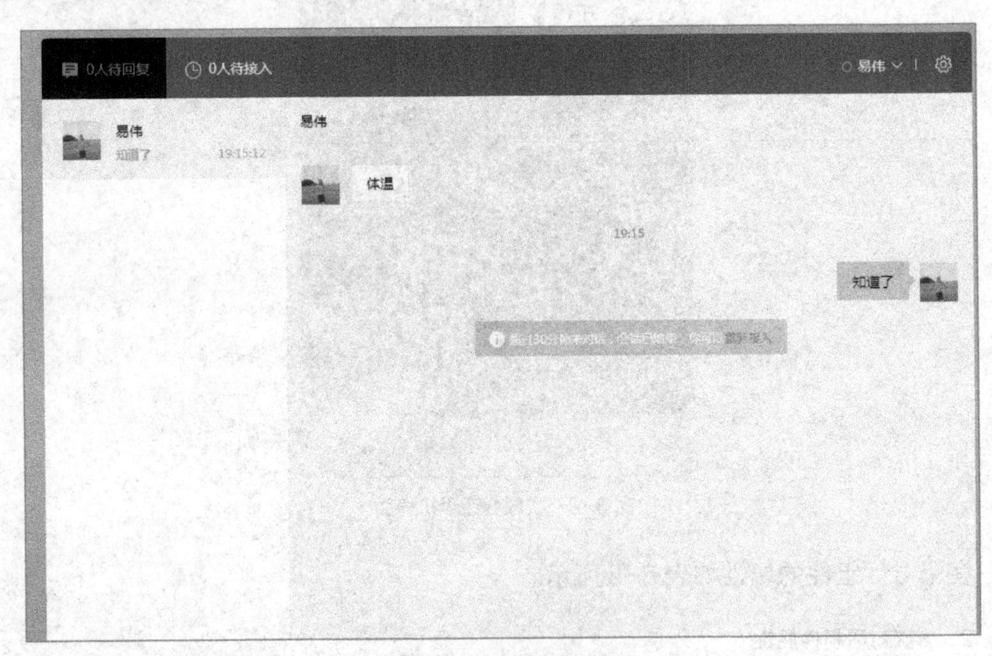

图 8-5　在线客服系统

接下来样式文件 index.wxss 的编写代码如下：

```
/*页面四边样式*/
.page{
margin: 0rpx 10rpx 0rpx 10rpx;
}
/*banner图标设置充满容器*/
.pic{
width:100%;
```

```
}
/*下部外周样式*/
.body{
margin: 50rpx 10rpx 0rpx 10rpx;
display: flex;
flex-direction:row;
}
/*左右容器大小*/
.body view{
width:300rpx;
height:600rpx;
align-items: center;
}
/*左侧容器*/
.left{
flex:1;
display: flex;
flex-direction:column;
}
/*子容器大小*/
.left view{
width:200rpx;
height:200rpx;
}
/*设置图文比例3：1*/
.l1{
    flex:3;
    }
.l2{
    flex:1;
}
.l3{
    flex:3;
}
.l4{
    flex:1;
}
.right{
flex:1;
```

```
display: flex;
flex-direction:column;
}
.right view{
width:200rpx;
height:200rpx;
}
/*图标大小样式*/
.pic1{
width:150rpx;
height:150rpx;
border-radius: 50%;
border: 1px solid black;
}
.foot{
background-color: lightgrey;
text-align: center;
}
```

样式文件中先对整个页面的 page 下的样式进行外边距设置。对上部的 banner 通过 image 的宽度设置，控制 banner 充满屏幕。下部外周先使用 flex 布局的横向排列。通过对子元素的 flex 参数设置，可达到对子元素大小设置，并且是自适应响应式布局。

最后，逻辑层文件 index.js 的编写代码如下：

```
    Page({
  data: {
    imgUrls: [
      '../images/banner1.jpg',
      '../images/banner2.jpg',
      '../images/banner3.jpg',
            ],
  },
  phone:function(e){
    wx.makePhoneCall({
  phoneNumber: '13417025501'
})
  }
})
```

逻辑层主要实现两个功能，一个是 banner 的图片设置，输出为数组格式；另一个即实现打电话功能。拨打电话 wx.makePhoneCall 的 API 的参数如表 8-3 所示。

表 8-3　wx.makePhoneCall 参数

参数	类型	必填	说明
phoneNumber	String	是	需要拨打的电话号码
success	Function	否	接口调用成功的回调函数
fail	Function	否	接口调用失败的回调函数
complete	Function	否	接口调用结束的回调函数（调用成功、失败都会执行）

接下来编写 person 目录，效果如图 8-6 所示，个人简介仍然以 index 为模板，下面添加文字介绍。标题栏设置方法为在 person.json 中添加"navigationBarTitleText": "个人简介"，其他代码略。

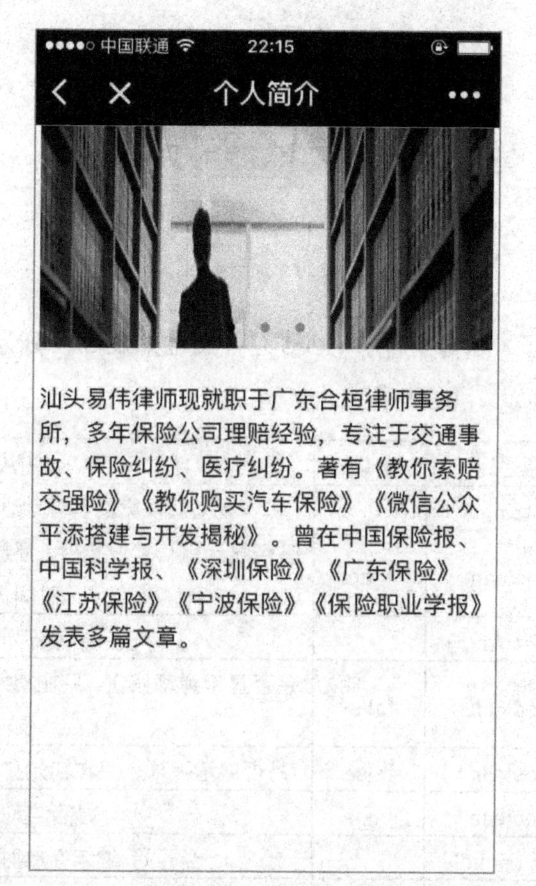

图 8-6　个人简介效果图

接下来编写 case 目录，效果如图 8-7 所示，典型案例也以 index 为模板，下面添加文字和视频介绍。标题栏设置方法为在 person.json 中添加"navigationBarTitleText": "典型案例"。

图 8-7 典型案例

视频的添加用到了 video 组件，video 组件属性如表 8-4 所示。

表 8-4 video 组件参数属性

属性名	类型	必填	说明
src	String		要播放视频的资源地址，支持 MP4 格式
controls	Boolean	true	是否显示默认播放控件（播放/暂停按钮、播放进度、时间）
danmu-list	Object Array		弹幕列表
danmu-btn	Boolean	false	是否显示弹幕按钮，只在初始化时有效，不能动态变更
enable-danmu	Boolean	false	是否展示弹幕，只在初始化时有效，不能动态变更
autoplay	Boolean	false	是否自动播放
bindplay	EventHandle		当开始/继续播放时触发 play 事件
bindpause	EventHandle		当暂停播放时触发 pause 事件
bindended	EventHandle		当播放到末尾时触发 ended 事件
bindtimeupdate	EventHandle		播放进度变化时触发 event.detail = {currentTime: '当前播放时间'}，触发频率应该在 250ms 一次
objectFit	String	contain	当视频大小与 video 容器大小不一致时，视频的表现形式为 contain（包含）、fill（填充）、cover（覆盖）

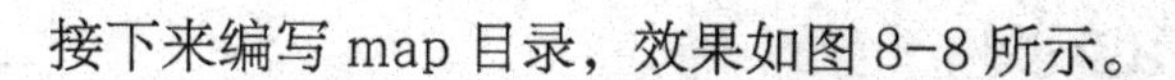

接下来编写 map 目录，效果如图 8-8 所示。

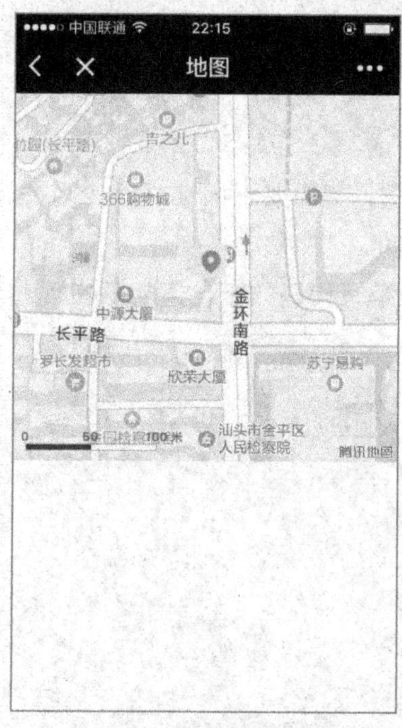

图 8-8　地图预览效果图

地图使用到 map 组件，组件属性见表 8-5。

表 8-5　map 组件参数属性

属性名	类型	必填	说明
longitude	Number		中心经度
latitude	Number		中心纬度
scale	Number	16	缩放级别，取值范围为 5～18
markers	Array		标记点
covers	Array		即将移除，请使用 markers
polyline	Array		路线
circles	Array		圆
bindpause	EventHandle		当暂停播放时触发 pause 事件
controls	Array		控件
include-points	Array		缩放视野以包含所有给定的坐标点
show-location	Boolean		显示带有方向的当前定位点
bindmarkertap	EventHandle		单击标记点时触发
bindcontroltap	EventHandle		单击控件时触发
bindregionchange	EventHandle		视野发生变化时触发
bindtap	EventHandle		单击地图时触发

地图目录下的 map.wxml 的编写代码如下：

```
<!-- map.wxml -->
<map id="map" longitude="116.715790" latitude="23.362490" markers="{{markers}}" scale="18"   style="width:
100%; height: 300px;">
</map>
```

小程序调用的是腾讯地图，我们要查询地点的经纬度，可以在 http://lbs.qq.com/tool/getpoint/网站上进行查询。

地图目录下的 map.js 的编写代码如下，逻辑层实现对地点的标注。

```
// pages/map/map.js
Page({
  data:{

markers:[{
      iconPath: "../images/mark.png",
      id: 0,
      latitude: 23.362490,
      longitude: 116.715790,
      title:'华乾大厦',
    }],

  }

})
```

PART09

视频讲解

第9章

页面周期和数据缓存——以To Do List为例

本章重点：

- JS数组
- 列表渲染
- 页面周期
- textarea组件
- 数据缓存API

■ To Do List（列表清单）是很多 App 制作的程序，本章通过小程序制作简单的 To Do List 来学习 JS 数组、列表渲染、页面周期、数据缓存等功能。类似已上线小程序可参考印象笔记微清单。

9.1 小程序功能

本章小程序的功能为待办、已办事项展示，功能为新增待办事项，程序退出后再次进入可显示上次退出时的事项，手机效果如图 9-1 所示。

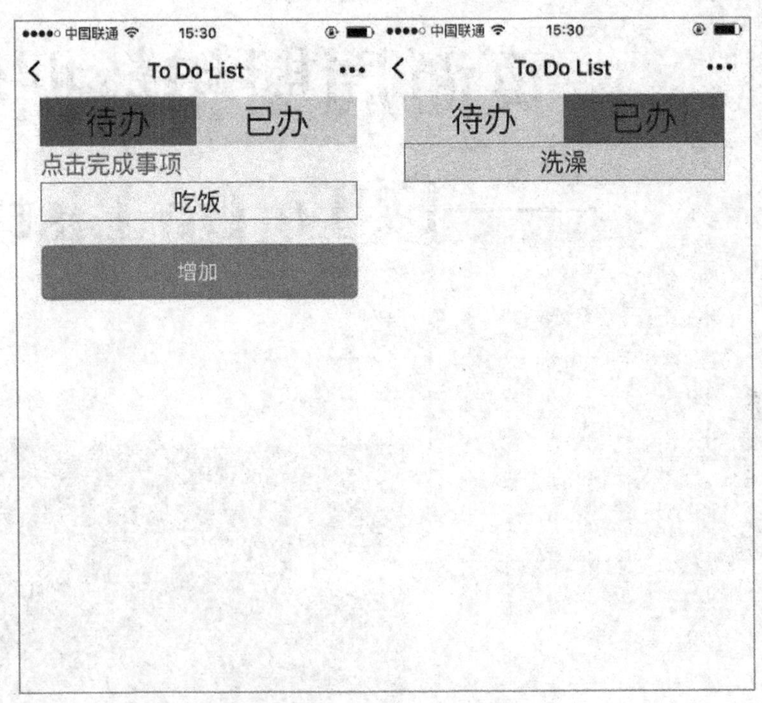

图 9-1　To Do List 手机效果图

9.2 小程序编写

新建项目 To Do List，目录结构比较简单，如图 9-2 所示。

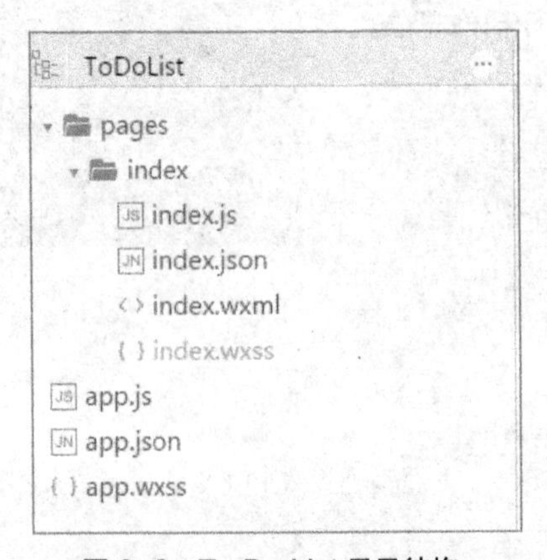

图 9-2　To Do List 目录结构

app.js 暂时不编写。app.json 的编写代码如下，即对各个目录下的页面进行配置。

```
{
  "pages":[
      "pages/index/index"
  ],
  "window":{
    "backgroundTextStyle":"light",
    "navigationBarBackgroundColor": "#fff",
    "navigationBarTitleText": "To Do List",
    "navigationBarTextStyle":"black"
  }
}
```

接下来编写 index 目录下的代码，页面配置继承 app.json，因此 index.json 为空，不做修改。视图文件 index.wxml 的编写代码如下：

```
<view class="page">
  <view class="nav">
    <view bindtap="click1" class="{{nav1}}">
      <text>待办</text>
    </view>
    <view bindtap="click2" class="{{nav2}}">
      <text>已办</text>
    </view>
  </view>
  <view class="body">
    <!--待办开始-->
    <view wx:if="{{condition1}}">
      <view class="guide">
        <text>单击完成事项</text>
      </view>
      <view class="list1" wx:for="{{array}}" id="{{index}}" bindtap="short">
        {{item}}
      </view>
      <!--输入框增加-->
      <view class="btn">
        <button bindtap="click" type="primary">增加</button>
      </view>
    </view>
    <view class="area" wx:if="{{input}}">
```

```
      <textarea bindconfirm="confirm" auto-height placeholder="输入待办事项" />
    </view>
    <!--待办结尾-->
    <!--已办开始-->
    <view wx:if="{{condition2}}" class="finish">
      <view class="list2" wx:for="{{array1}}">
        {{item}}
      </view>
    </view>
    <!--已办结尾-->
  </view>
</view>
```

通过手机预览效果，可以分析出页面主要实现待办和已办事项的切换，我们可以使用条件渲染来实现两部分的页面隐藏和展示。因此整个页面结构是上部为导航栏、中间部分为清单列表、最下方为新增任务清单按钮。

清单的展示使用了上一章列表渲染的语法 wx:for，在这里增加了一个 id 标签，标签值和列表中的 index 关联，用来实现确定单击选中的列表项目。

下方增加按钮后显示出表格组件下的 textarea（多行输入框）组件，该组件和 input 组件类似，显示行数为多行，适合输入多文本语句，主要属性如表 9-1 所示。

表 9-1　textarea 属性

属性	类型	默认值	说明
value	String		输入框的内容
placeholder	String		输入框为空时占位符
placeholder-style	String		指定 placeholder 的样式
placeholder-class	String	textarea-placeholder	指定 placeholder 的样式类
disabled	Boolean	false	是否禁用
maxlength	Number	140	最大输入长度，设置为-1 的时候不限制最大长度
auto-focus	Boolean	false	自动聚焦，拉起键盘
focus	Boolean	false	获取焦点
auto-height	Boolean	false	是否自动增高，设置 auto-height 时，style.height 不生效
fixed	Boolean	false	如果 textarea 是在一个 position:fixed 的区域，需要显示指定属性 fixed 为 true

续表

属性	类型	默认值	说明
cursor-spacing	Number	0	指定光标与键盘的距离，单位为 px。取 textarea 距离底部的距离和 cursor-spacing 指定的距离的最小值作为光标与键盘的距离
bindfocus	EventHandle		输入框聚焦时触发，event.detail = {value: value}
bindblur	EventHandle		输入框失去焦点时触发，event.detail = {value: value}
bindlinechange	EventHandle		输入框行数变化时调用，event.detail = {height: 0, heightRpx: 0, lineCount: 0}
bindinput	EventHandle		当键盘输入时，触发 input 事件，event.detail = {value: value}，bindinput 处理函数的返回值并不会反映到 textarea 上
bindconfirm	EventHandle		单击完成时，触发 confirm 事件，event.detail = {value: value}

这里使用了 auto-height 自动增高属性和输入完成后事件 bindconfirm。

在列表展示和多行文本显示中均使用了条件渲染的方法，用来实现视图的隐藏和展示。

接下来样式文件 index.wxss 的编写代码如下：

```
.page {
  margin: 0rpx 50rpx 50rpx 50rpx;
  text-align: center;
}

.nav {
  display: flex;
  flex-direction: row;
  font-size: 70rpx;
}

.nav1 {
  flex: 1;
  background-color: red;
```

```
}

.nav2 {
  flex: 1;
  background-color: lightgray;
}

.body {
  background-color: lightcyan;
}

.guide {
  font-size: 50rpx;
  text-align: left;
  color: green;
}

.list1 {
  font-size: 50rpx;
  border: 1rpx;
  border-color: black;
  border-style: solid;
}

.btn {
  margin: 50rpx 0rpx 0rpx 0rpx;
}

.area {
  background-color: white;
}

.list2 {
  font-size: 50rpx;
  border: 1rpx;
  border-color: black;
  border-style: solid;
  background-color: pink;
}
```

样式文件中先对整个页面的 page 下的样式进行外边距设置。然后对上部的 nav 通过 flex 进行平均布局。对待办和已办以及下方的列表使用不同背景色进行区分。

最后，逻辑层文件 index.js 的编写代码如下：

```
var arrayincp = []//待办
var arraycp = []//已办
var array//待办
var array1//已办
Page({
  data: {
    array: arrayincp,
    array1: arraycp,
    condition1: true,
    condition2: false,
    input: false,
    nav1: "nav1",
    nav2: "nav2"
  },
  //页面加载，提取保存数据

  onLoad: function (options) {

    wx.getStorage({
      key: 'array',
      success: function (res) {
        var arraystore = res.data
        arrayincp = arraystore[0]
        arraycp = []
      }
    })
  },
  //单击待办
  click1: function (e) {

    this.setData({
      condition1: true,
      condition2: false,
      nav1: "nav1",
      nav2: "nav2",
      input: false
```

```
  })
},

//单击已办
click2: function (e) {


  this.setData({
    condition1: false,
    condition2: true,
    nav1: "nav2",
    nav2: "nav1",
    input: false
  })
},

//待办变已办
short: function (e) {
  var id = e.target.id
  var newitem = arrayincp[id]
  arrayincp.splice(id, 1)
  arraycp.push(newitem)
  this.setData({
    array: arrayincp,
    array1: arraycp,
  })
},
//增加
click: function (e) {
  this.setData({
    input: true,
    condition1: false,
    condition2: false,
    nav1: "nav2",
    nav2: "nav2",
  })


},
// 输入完成
confirm: function (e) {
```

```
      arrayincp.push(e.detail.value)
      this.setData({
        array: arrayincp,
        input: false,
        condition1: true,
        condition2: false,
        nav1: "nav1",
        nav2: "nav2",
      })
    },

    //卸载页面，存储数据
    onUnload: function () {
      var arraystore = [arrayincp, arraycp]
      wx.setStorage({
        key: "array",
        data: arraystore
      })
    },
})
```

逻辑层主要实现四个功能，一是页面初始化和卸载时对数据缓存的调用和存储；二是新增待办事项；三是将待办事项变为已办事项；四是待办、已办视图的切换。在代码编写前，请读者复习第 3 章 JavaScript 中数组的语法。

程序开始前先对变量进行声明，然后对条件渲染的条件和其他数据进行赋值。首先来看第四个功能，已办和待办切换，只要单击后重新对上述渲染条件和数据赋值即可，比较简单，对应代码中的 click1 和 click2 函数。

接下来看第三个功能，增加待办事项。单击增加按钮时，首先通过赋值将多文本输入框进行显示，同时隐藏列表。然后，在用户输入完成后触发 confirm 事件，将用户输入的 e.detail.value 添加在数组 arrayincp 末尾，然后重新对各元素和条件赋值。

再来看第二个功能，待办变已办。它的核心就是将待办数组的一个元素移动到已办数组，通过单击事件获取到列表元素的 id，通过 id 获取到这个数组对应的元素，注意这里使用了中间变量 newitem，避免数组变动后取值的变化。两个数组改变后重新对渲染条件和数据赋值。

最后来实现数据缓存功能。在页面卸载时调用数据缓存 API——wx.setStorage，由于数据缓存只保存一个键值，为保存两个数组，我们这里构造二维数组 arraystore。在页面加载时调用对应的读取数据 API——wx.getStorage，然后再分别赋值给对应的两个数组。这两个 API 的文档如表 9-2 和表 9-3 所示。

表 9-2　wx.setStorageI 参数

参数	类型	必填	说明
key	String	是	本地缓存中的指定的 key
data	Object/String	是	需要存储的内容
success	Function	否	接口调用成功的回调函数
fail	Function	否	接口调用失败的回调函数
complete	Function	否	接口调用结束的回调函数（调用成功、失败都会执行）

基本语法如下：

```
wx.setStorage({
  key:"key",
  data:"value"
})
```

表 9-3　wx.getStorageI 参数

参数	类型	必填	说明
key	String	是	本地缓存中的指定的 key
success	Function	是	接口调用的回调函数，res = {data: key 对应的内容}
fail	Function	否	接口调用失败的回调函数
complete	Function	否	接口调用结束的回调函数（调用成功、失败都会执行）

基本语法如下：

```
wx.getStorage({
  key: 'key',
  success: function(res) {
      console.log(res.data)
  }
})
```

PART10

视频讲解

第10章 服务器搭建

本章重点：

https部署

MySQL数据库

■ 在第 7 章中我们提到了安全域名，调用了第三方的 API，如果想使用自己的服务器，就需要自己搭建，但小程序需要 https 访问，这不同于一般的虚拟空间、云主机，需要特殊的搭建方式。本章通过腾讯云为例，来介绍 https 服务器的搭建。

10.1 腾讯云部署

腾讯云作为腾讯旗下的产品，更能契合小程序的开发环境，目前更是提供了小程序的一键式解决方案，实现快速部署服务器环境和 https 证书，比较适合初学者使用。目前腾讯云对于微信认证的用户和新注册用户进行优惠。腾讯云的地址为 https://www.qcloud.com，也可以在小程序后台设置-开发设置-服务器域名-开始配置-配置服务器信息-单击前往，将携带小程序信息，一键进入腾讯云。如图 10-1 所示。

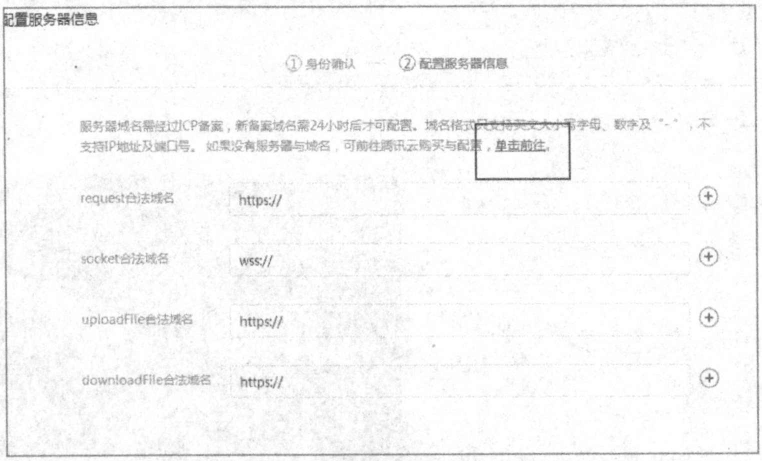

图 10-1 通过小程序进入腾讯云

首次进入腾讯云，会被要求进行企业实名认证，一般 1～5 个工作日可以完成，完成后，进入图 10-2 所示的界面。

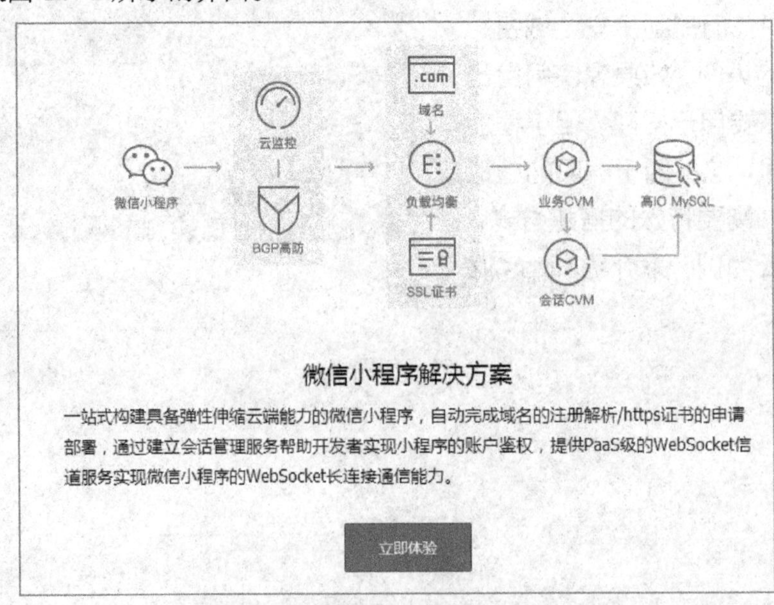

图 10-2 腾讯云小程序解决方案

从图 10-2 中可以看到腾讯云提供域名、SSL 证书等小程序关键环节，然后单击立即体验。在创建资源界面，填写小程序的 AppID 和 AppSecret。选择 PHP 环境（作为小程序的服务器端，可以使用 PHP、Java、node.js、C++等语言，本书以 PHP 搭建环境为例进行介绍），根据需要选择服务器地址，如北京、广州、上海。确定后单击充值购买（单月价格 91 元），完成创建，如图 10-3 所示。

图 10-3　创建 PHP 环境

等待 5~10 分钟后平台会自动配置好服务器端环境。资源创建成功后，完成后续配置，单击使用配置指引，如图 10-4 所示。

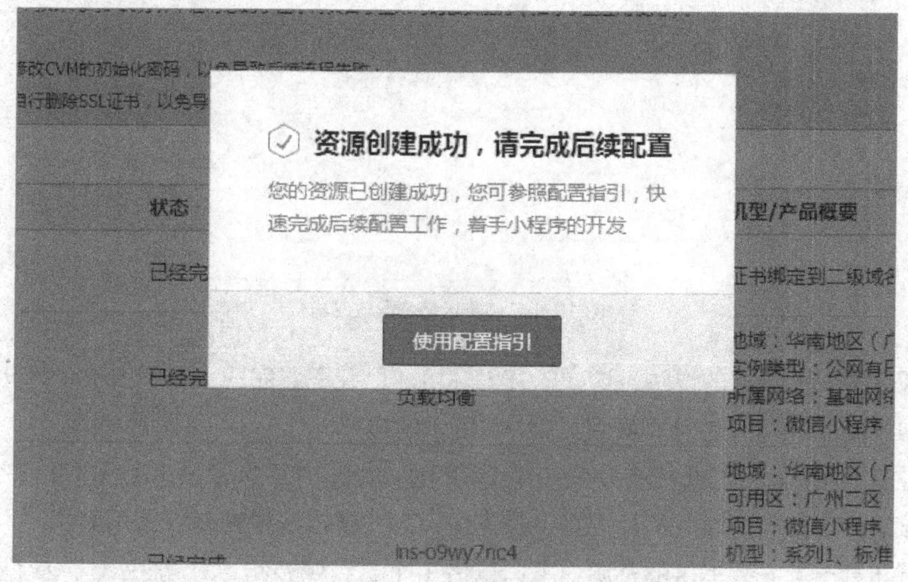

图 10-4　完成资源创建

单击使用配置指引后，弹出图 10-5 所示的界面。选择自动配置小程序域名，授权后即完成设置。如此方式不成功，也可以按照方式二进行手动配置。

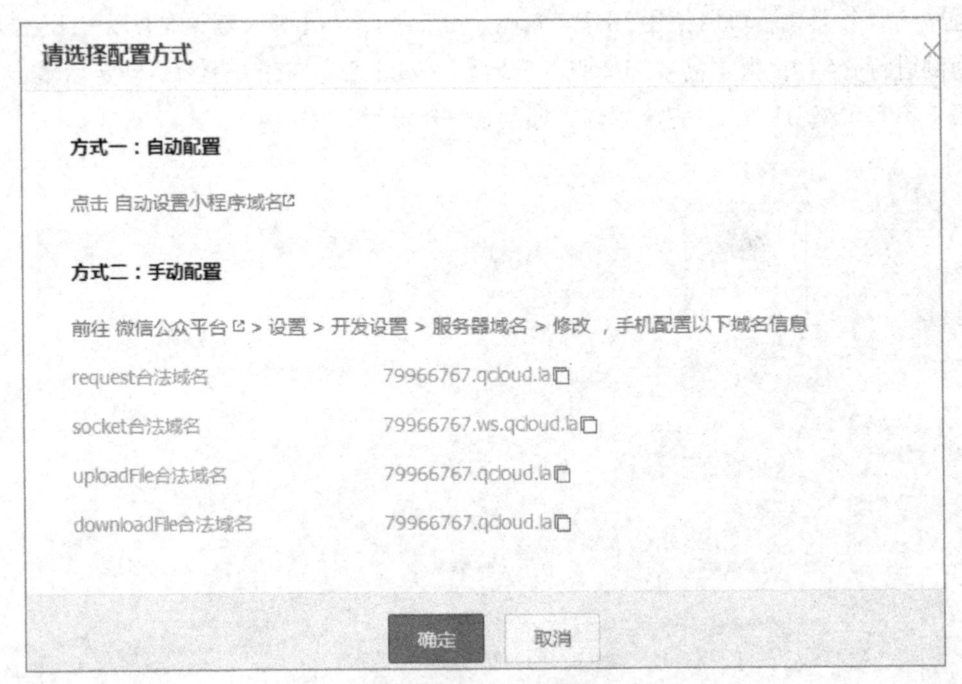

图 10-5 配置服务器域名

单击自动配置后，可以返回小程序后台，看到已经配置成功，如图 10-6 所示。需要注意的是服务器域名目前每月只可以修改三次。

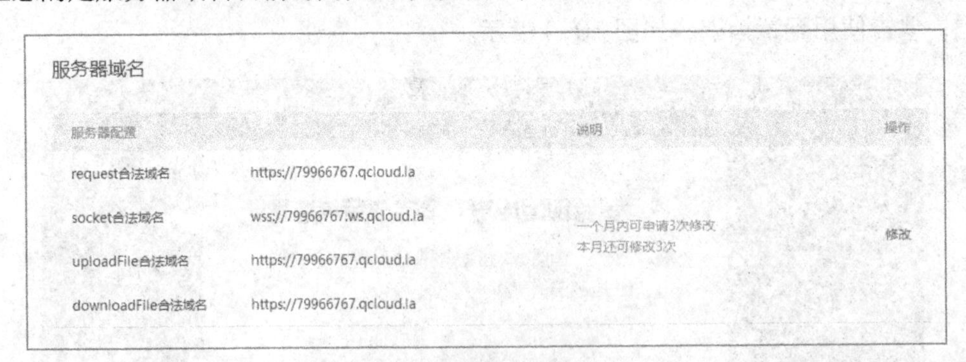

图 10-6 服务区域名配置成功

按照腾讯云官方的说法，这样的开发环境即已经配置完成，访问 https://console.qcloud.com/la/guide，可以看到图 10-7 所示的提示。

业务初始化后，腾讯云自动安装了 PHP 的 SDK，并提供了三木聊天室的 Demo 文件。该 Demo 比较复杂，涉及内容也较高级，对初学者来说参考价值不大。

腾讯云一键安装提供的资源如下：包括 1 个二级域名和 SSL 证书（省去了初学者配置 SSL 证书的过程）；2 个云服务器，业务服务器用来连接外网负载均衡和数据库，会话管理服务器是连接负责鉴权会话管理服务器（暂时用不到）；1 个云数据库 MySQL；还有免费的负载均衡（暂时用不到），如图 10-8 所示。

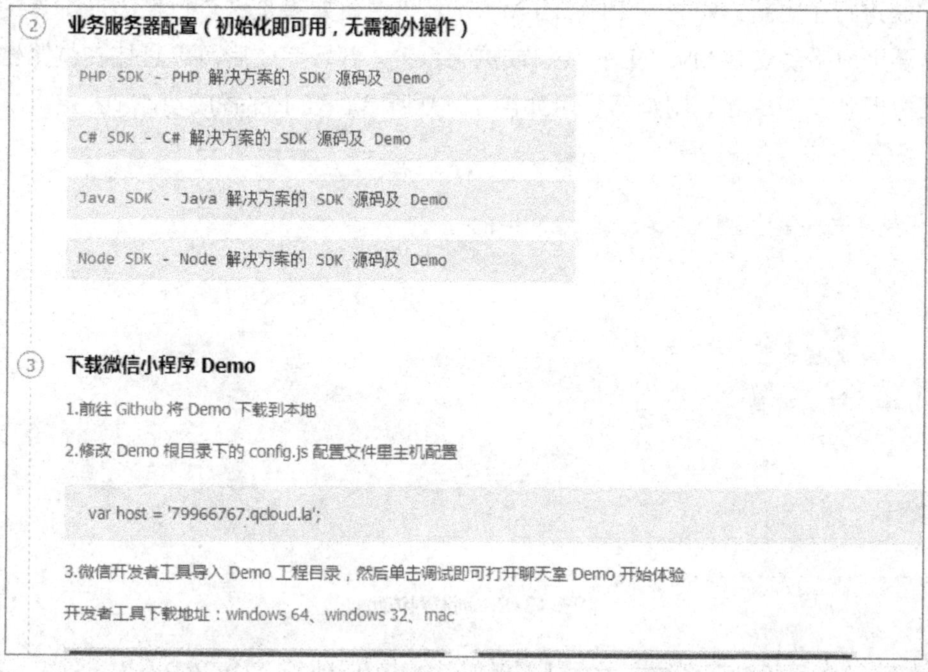

图 10-7　业务提示

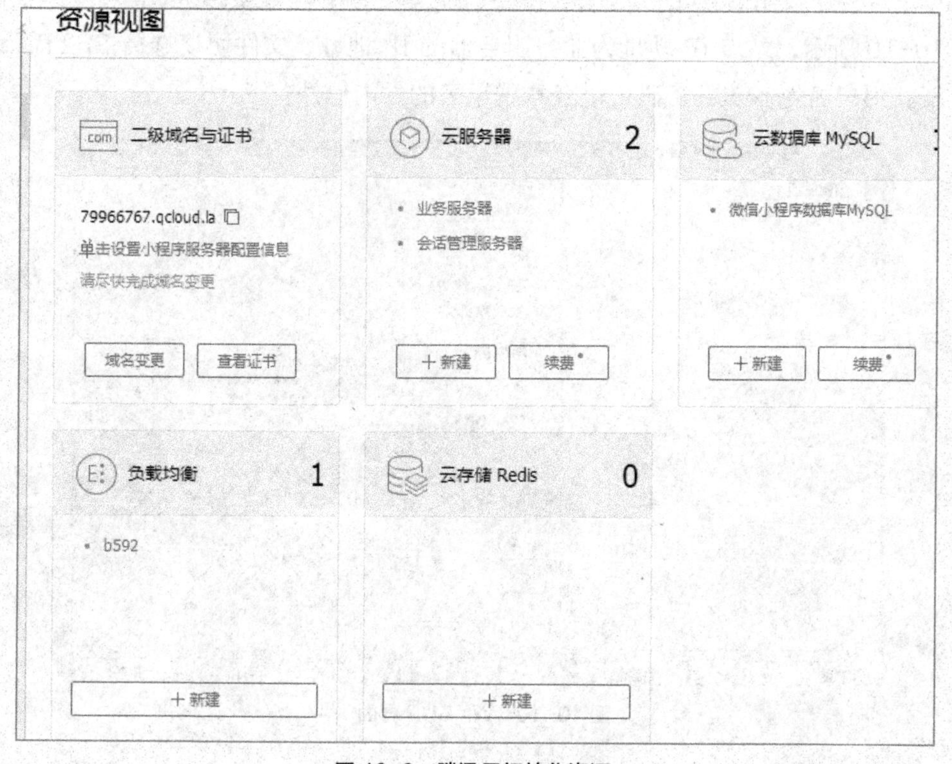

图 10-8　腾讯云初始化资源

这里重要的是业务服务器，也就是外网访问，提供小程序客户端访问的服务器。腾讯云默认安装的是 CentOS 64 位下的 PHP 环境，并且于 2017 年 1 月 20 日对镜像和默认安装进行了更新，安装了 PHP 的 MySQL 扩展，如果是这个日期以前部署的腾讯云，需要用户手动安装 MySQL 扩展，或重装系统。部署完成后可以直接在浏览器访问腾讯云分配的二级域名。浏览器显示如图 10-9 所示，表示部署成功。

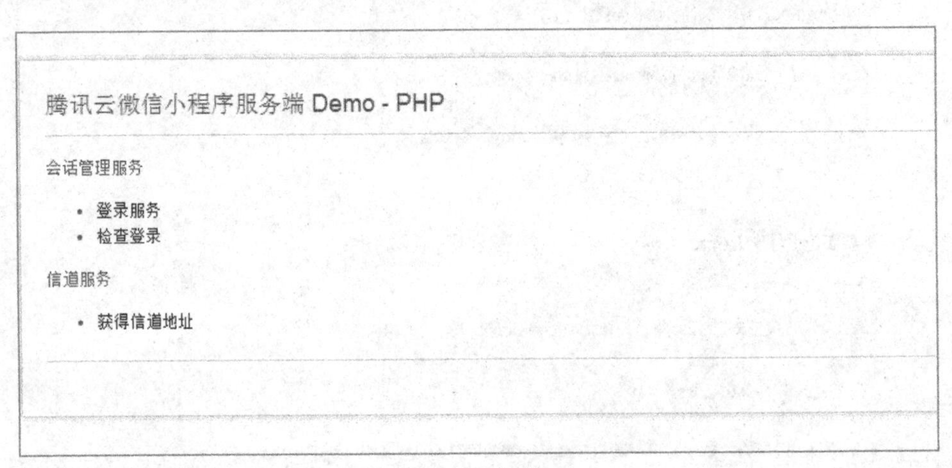

图 10-9　浏览器访问

对于 Linux 环境下系统文件的上传和下载，可以使用 WinSCP，WinSCP 是一个 Windows 环境下使用 SSH 的开源图形化 SFTP 客户端。下载安装完成后，新建站点，如图 10-10 所示，站点 IP 地址为业务服务器的 IP 地址，文件协议选择 SFTP，端口号为 22，用户名为 root，密码可以查看腾讯云的站内信件。

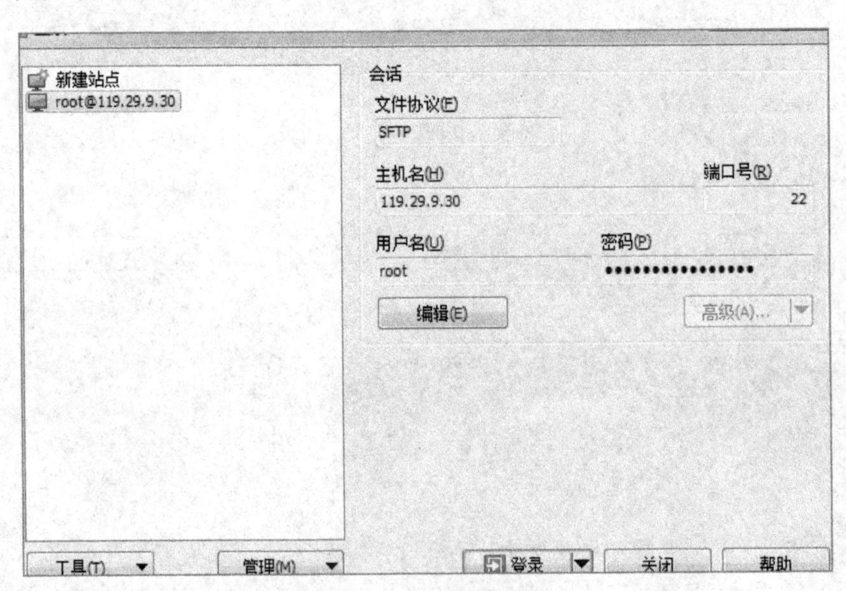

图 10-10　WinSCP 界面

连接后找到目录 data/release/php-weapp-demo/，这个目录就是对应二级域名下的根目录。我们可以将服务器代码上传在这个目录里进行访问。

这里需要注意的是一键安装系统的部署文件位于 etc/qcloud/sdk.config 文件中，重装系统前最好进行备份。使用重装系统时不会像一键部署一样对该文件进行配置，需要手动配置。该文件参数如下：

```
{
    "serverHost": "79966767.qcloud.la",
    "authServerUrl": "http://139.199.160.156/mina_auth/",
    "tunnelServerUrl": "https://79966767.ws.qcloud.la",
    "tunnelSignatureKey": "814ebd96b8e1f0b7ee6ecf4ba3b50dcdde9a4d61",
    "networkTimeout": 30000
}
```

假设没有备份，需要修改的是前三项，第一项 serverHost 为分配的二级域名或备案域名，第二项 authServerUrl 前面的 IP 地址填写的是会话服务器地址，第三项为 WSS 访问地址。

10.2 Windows 环境

如果读者对 Linux 环境的部署不太熟悉，也可以换为 Windows 系统，步骤如下。

在云主机界面选中业务服务器，在更多菜单下选择重装系统，如图 10-11 所示。

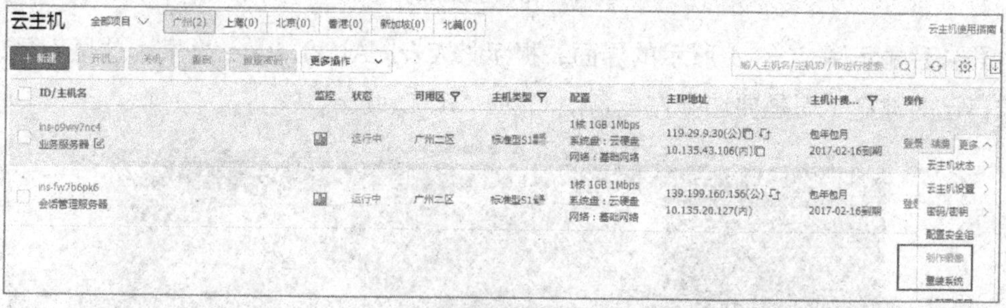

图 10-11 云主机重装系统

在云服务市场选择 Windows 下的 PHP 版本，由于第三方服务市场提供的版本较多，只要选择有 PHP+Apache 服务的版本即可，这里选择的是用 Wamp 软件搭建的，如图 10-12 所示。注意设置好管理员密码。

重装系统后，可以在云服务器右端进行 Web 登录，如图 10-13 所示。

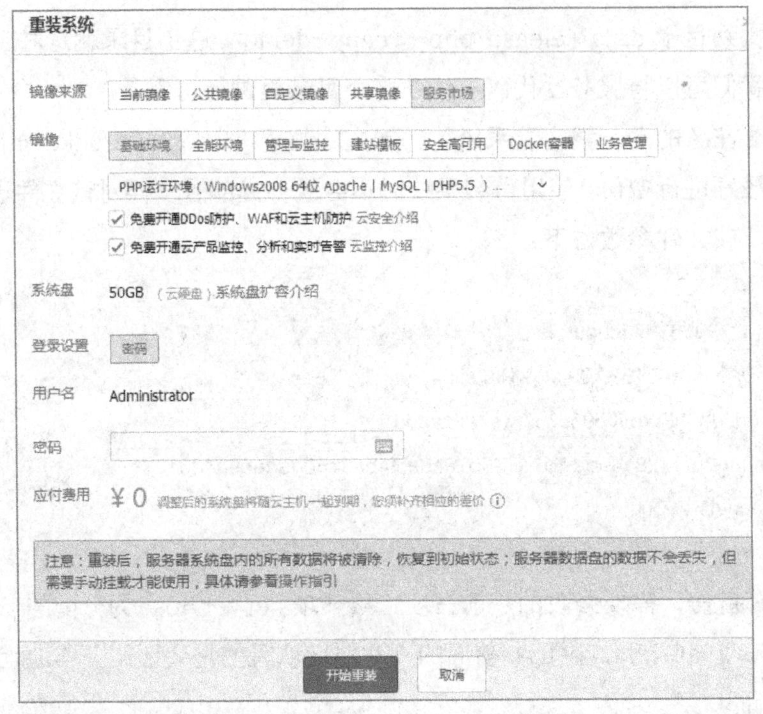

图 10-12　重装 Windows 下的 PHP 环境

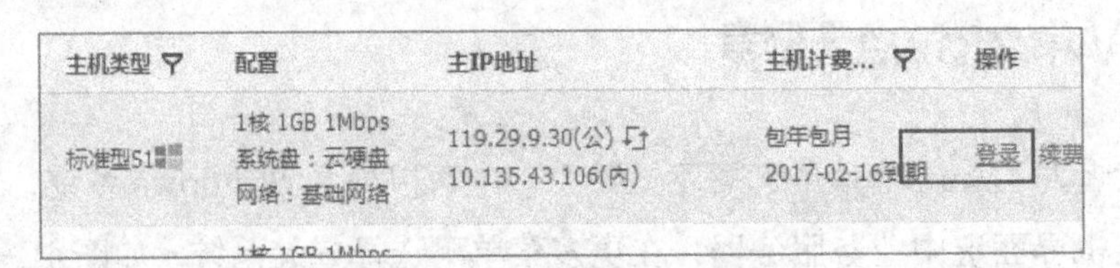

图 10-13　登录系统

登录后显示图 10-14 所示的界面，提示按 Ctrl+Alt+Delete 登录，这里不是让我们按自己的键盘，而是要选择左上角的 Ctrl+Alt+Delete。

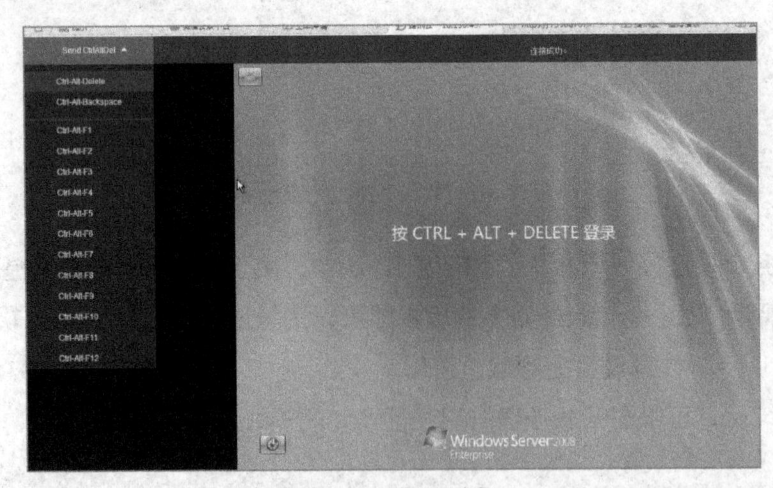

图 10-14　登录云主机

单击 Ctrl+Alt+Delete，输入重装系统时的密码即可登录云主机，进入到大家熟悉的 Windows 界面。单击开始按钮，选择 Bitami WAMP Stack Manaer 软件，如图 10-15 所示。

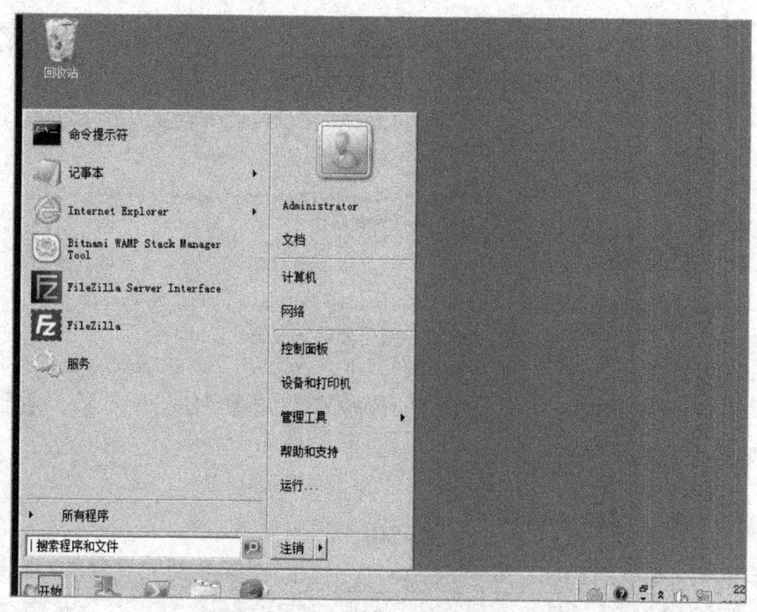

图 10-15　选择 WAMP 软件

该软件是提供 Apache Web Server 和 MySQL 服务器的软件，打开软件后选择 Manager Servers，可以看到两个服务都在运行中，如图 10-16 所示。

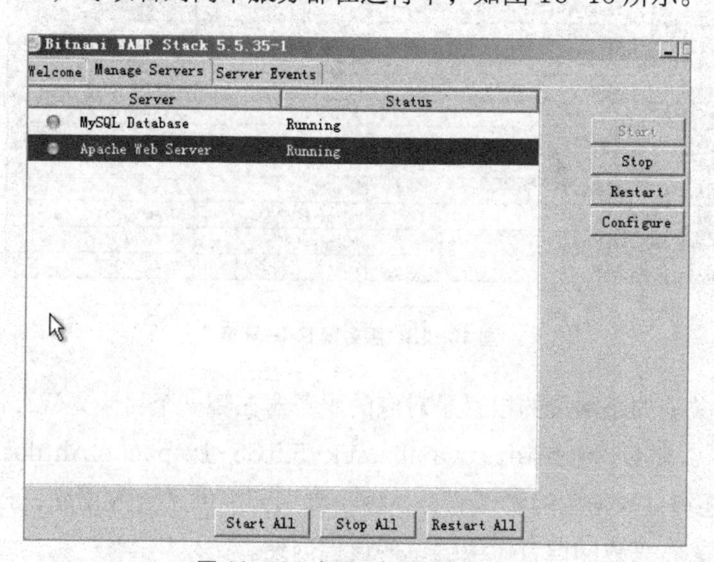

图 10-16　查看服务器运行状态

这时我们可以切换到自己的浏览器，输入自己的二级域名，可以看到图 10-17 所示的界面，这说明 Apache 服务器正常。

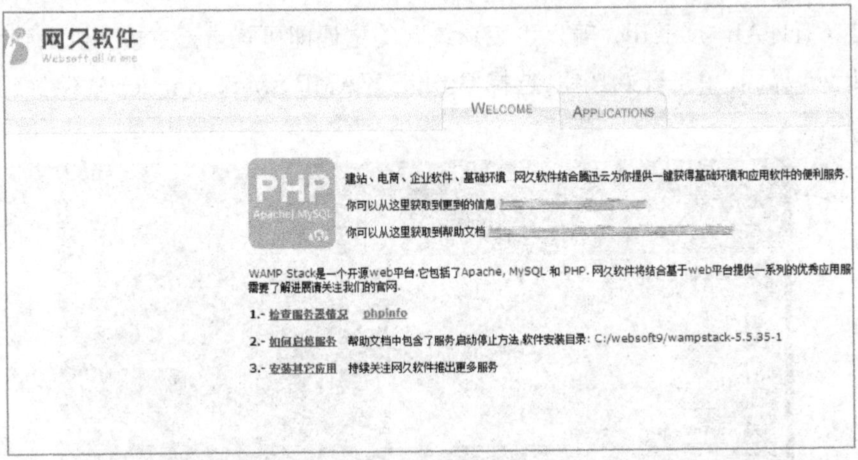

图 10-17　服务器默认主页

单击右下方的 phpinfo，可以看到 PHP 版本，如图 10-18 所示，看到 MySQL 等扩展都已安装，可以支持服务。

MySQL

MySQL Support	enabled
Active Persistent Links	0
Active Links	0
Client API version	mysqlnd 5.0.11-dev - 20120503 - $Id: 15d5c781cfcad91193dceae1d2cdd127674ddb3e $

Directive	Local Value	Master Value
mysql.allow_local_infile	On	On
mysql.allow_persistent	On	On
mysql.connect_timeout	60	60
mysql.default_host	*no value*	*no value*
mysql.default_password	*no value*	*no value*
mysql.default_port	3306	3306
mysql.default_socket	*no value*	*no value*
mysql.default_user	*no value*	*no value*
mysql.max_links	Unlimited	Unlimited
mysql.max_persistent	Unlimited	Unlimited
mysql.trace_mode	Off	Off

图 10-18　服务器 PHP 环境

另外我们关注的是网页的根目录对应的服务器在哪一个目录，WAMP 默认目录如图 10-19 所示，即 C:\websoft9\wampstack-5.5.35-1\apache2\htdocs\。

WAMP 还提供数据库的管理服务，由于腾讯云提供了云数据库，云服务器上的数据库不再介绍，有兴趣的读者可根据说明自己创建。

已经知道了服务器对应的根目录，我们还缺少一个从本机上传到云服务器的工具，也就是需要主机创建一个 ftp 服务供我们本地上传。这里选择 FileZilla Server，可以从系统自带的浏览器搜索下载进行安装。配置方法如图 10-20 所示，服务器地址默认为

127.0.0.1，无需修改。

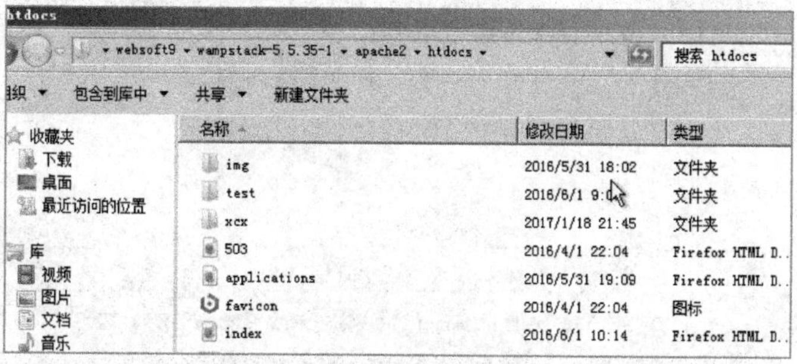

图 10-19　根目录对应目录

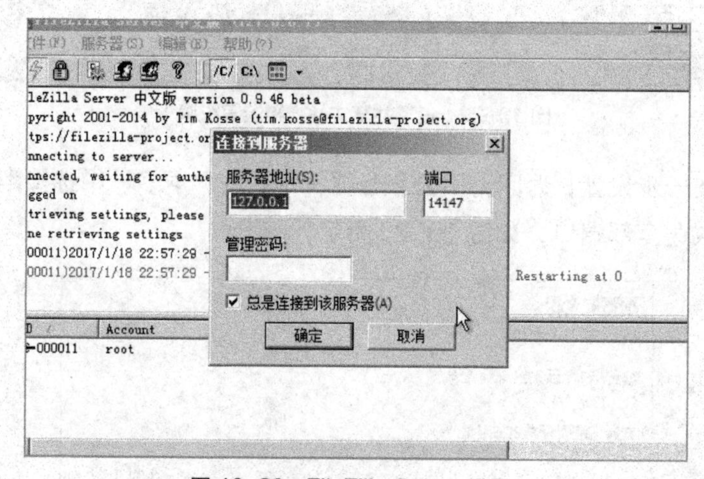

图 10-20　FileZilla Server 设置

在设置-用户界面添加 ftp 用户名和密码，如图 10-21 所示，在 Shared folders 中找到 C:\websoft9\wampstack-5.5.35-1\apache2\htdocs\，并添加修改访问权限，如图 10-22 所示。

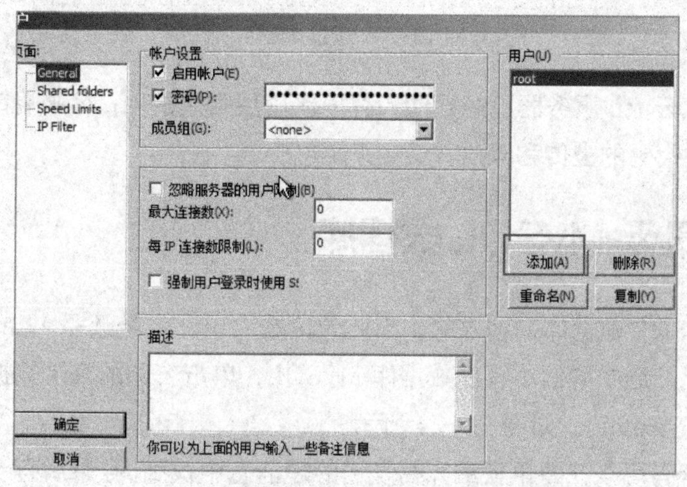

图 10-21　设置用户

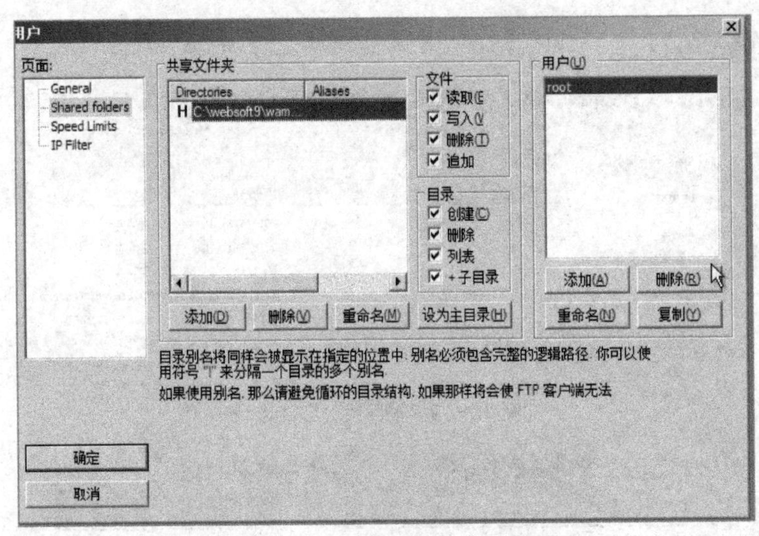

图 10-22　设置共享文件夹和读写权限

这里还需要一步设置，返回腾讯云服务器界面，在“更多”中选择配置安全组，选择默认安全组放通全部端口，如图 10-23 所示。

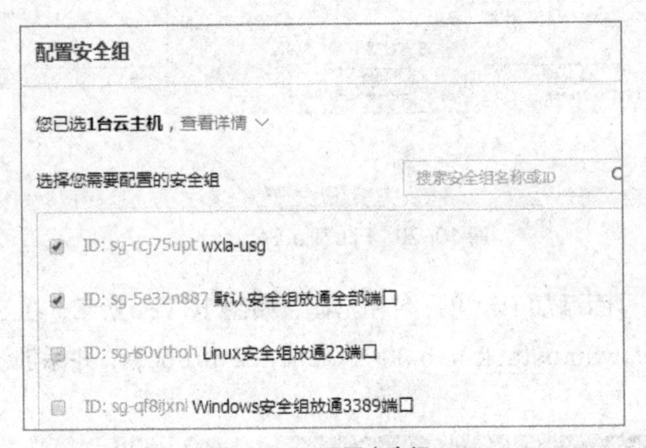

图 10-23　配置安全组

至此，腾讯云 ftp 服务器已经开通，客户端使用常用的 ftp 客服端口，如 FileZilla Client 即可完成代码的上传和修改。

10.3　腾讯云 MySQL 数据库

腾讯云 MySQL 数据库是独立的，因此无论是 Linux 系统还是 Windows 系统都可以访问。在腾讯云选中微信小程序数据库 MySQL，单击右侧的登录数据库，也就是大家熟悉的 phpMyAdmin，如图 10-24 所示。

用户名和密码可以在腾讯云最开始发送的短消息中找到。登录后有一些初始化现成的数据库，无需理会，新建一个名为 test 的数据库备用。数据表的操作不在这里介绍。

图 10-24 腾讯云数据库

另外，需要设置数据库的外网访问地址和密码，如图 10-25 所示。

基本信息	
实例名： 微信小程序数据库MySQL 更改	实例ID： cdb-p2g7o5me
状态： 运行中	地域： 华南地区（广州）
所属网络： 基础网络	字符集： UTF8 更改
内网地址： 10.66.199.69	端口： 3306 更改
外网帐号： cdb_outerroot	外网地址： 587dc69046c79.gz.cdb.myqcloud.com:5825关闭
所属项目： 微信小程序 转至其他项目	GTID： 已开启

图 10-25 设置外网数据库访问地址

至此，服务器的基本环境已经搭建完毕，在后面的章节我们基于腾讯云的环境进行介绍。由于腾讯云价格较贵，对于一些初学者，也可以使用一些虚拟主机申请免费的SSL 证书，让服务商进行配置，降低学习成本。

PART11

视频讲解

第11章

数据库搭建和用户信息API——以留言板为例

本章重点：

数据库搭建 ■

用户信息API ■

■ 在第 10 章的基础上，本章利用服务器做一个简单的留言板，同时学习获取用户信息的 API。类似已上线小程序可参考群+。

11.1　小程序功能

本章小程序的功能为用户留言后，在小程序中显示用户昵称、头像和留言内容。手机效果如图 11-1 所示。

图 11-1　留言板 To Do List 手机效果图

11.2　小程序编写

新建项目 Note，目录结构如图 11-2 所示。

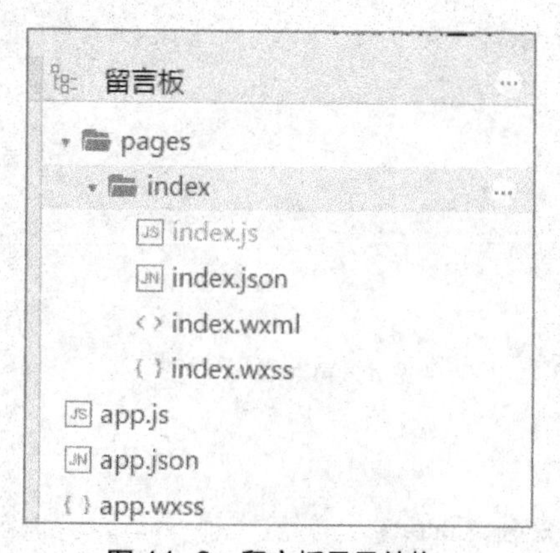

图 11-2　留言板目录结构

app.js 暂时不编写。app.json 的编写代码如下，即对目录下的页面进行配置。

```
{
  "pages":[
      "pages/index/index"
  ],
  "window":{
    "backgroundTextStyle":"light",
    "navigationBarBackgroundColor": "#fff",
    "navigationBarTitleText": "留言板",
    "navigationBarTextStyle":"black"
  }
}
```

接下来编写 index 目录下的代码，页面配置继承 app.json，因此 index.json 为空，不做修改。视图文件 index.wxml 的编写代码如下：

```
<view class="page">
  <view class="body">
    <view class="list" wx:for="{{array}}" >
    <view class="item">
    <view class="left" >
     <image   class="pic" src="{{item.pic}}"></image>
     </view>
     <view class="right">
     <view class="name">
     {{item.name}}
     </view>
     <view class="note">
    <text> {{item.content}}</text>
     </view>
     </view>
     </view>
    </view>
    <view class="bottom">
    <!--写留言-->
    <view class="input">
      <input bindinput="confirm"   placeholder="留言内容" />
    </view>
    <view class="btn">
      <button bindtap="click" >发送</button>
```

```
      </view>
    </view>
  </view>
</view>
```

通过手机预览效果，可以分析出页面分两部分，上方为留言的列表，下方为发送留言的内容。

留言列表中使用 wx:for 进行渲染，每一项中左边为用户头像，右上方为用户昵称，右下方为用户留言。需要注意的是我们对 for 循环中使用了 item.pic、item.name、item.content 语句，也就是变量 array 的值是数组，通过数组赋值可以减少变量数量，方便服务器端输出。

下方为一个文本输入框和发送按钮，为用户进行留言。

接下来样式文件 index.wxss 的编写代码如下：

```
.page {
  margin: 0rpx 50rpx 50rpx 50rpx;
}

.item {
  margin: 25rpx 0rpx 25rpx 0rpx;
  display: flex;
  flex-direction: row;
  background-color: lightblue;
  align-items: center;
}

.left {
  flex: 1;
}

.right {
  flex: 3;
  display: flex;
  flex-direction: column;
}

.name {
  flex: 1;
  font-size: 30rpx;
}
```

```
.note {
  flex: 1;
}

.note text {
  background-color: lightgreen;
  font-size: 70rpx;
  color: blue;
}

.pic {
  width: 128rpx;
  height: 128rpx;
  margin: 20rpx;
  border-radius: 50%;
}

.bottom {
  display: flex;
  flex-direction: row;
  background-color: yellow;
}

.input {
  flex: 4;
  text-align: left;
}

.btn {
  flex: 1;
}
```

样式文件中我们先对整个页面的 page 下的样式进行了外边距设置，对每一句留言设置背景颜色和上下间隔。对留言项的布局采取 flex 布局，左右布局嵌套上下布局，左右布局为 1：3，上下布局为 1：1，对头像进行圆角化处理，下部的留言框和发送按钮按照 4：1 进行布局。

再来看逻辑层文件 index.js 的编写代码如下：

```
var newnote
var nickName
var imageurl
Page({
  data: {
  },
  onLoad: function (options) {
    var that = this
    //微信登录授权，获取用户信息
    wx.login({
      success: function () {
        wx.getUserInfo({
          success: function (res) {
            nickName = res.userInfo.nickName
            imageurl = res.userInfo.avatarUrl
          }
        })
      }
    }),
      wx.request({
        url: 'https://79966767.qcloud.la/xcx/list.php', //服务器列表地址
        success: function (res) {
          that.setData({
            array: res.data
          })
        }
      })
  },


  // 输入完成
  confirm: function (e) {
    newnote = e.detail.value
  },
  //留言
  click: function (e) {
    var that = this
    wx.request({
```

```
        url: 'https://79966767.qcloud.la/xcx/note.php', //服务器留言地址
        data: {
          name: nickName,
          content: newnote,
          imageurl: imageurl
        },
        header: {
          'content-type': 'application/x-www-form-urlencoded'
        },
        success: function (res) {
          wx.request({
            url: 'https://79966767.qcloud.la/xcx/list.php',
            success: function (res) {
              that.setData({
                array: res.data
              })
            }
          })
        }
      })
  }
})
```

逻辑层主要实现三个功能，一是通过微信授权获取用户数据，这个一般在程序初始化和页面初始化时完成；二是页面初始化时从服务器上下载已留言的数据；三是用户留言后刷新留言。

获取用户数据需要使用开放接口——用户信息 API 即 wx.getUserInfo，其参数如表 11-1 所示。

表 11-1　wx. getUserInfo 参数

参数	类型	必填	说明
success	Function	否	接口调用成功的回调函数
fail	Function	否	接口调用失败的回调函数
complete	Function	否	接口调用结束的回调函数（调用成功、失败都会执行）

success 的返回参数如表 11-2 所示。

微信用户的昵称、头像、姓名等内容都包含在 userinfo 中，如 userInfo.nickName、userInfo.avatarUrl（头像）、userInfo.gender。

表 11-2　success 返回参数

参数	类型	必填	说明
userInfo	OBJECT	用户信息对象，不包含 openid 等敏感信息	userInfo
rawData	String	不包括敏感信息的原始数据字符串，用于计算签名	rawData
signature	String	使用 sha1(rawData + sessionkey)得到字符串，用于校验用户信息	signature
encryptedData	String	包括敏感数据在内的完整用户信息的加密数据，详细见加密数据解密算法	encryptedData
iv	String	加密算法的初始向量，详细见加密数据解密算法	iv

注意，在使用 wx.getUserInfo 前要调用 wx.login 接口，获取用户授权，如果用户拒绝，则不能获取相关信息。基本语法如下：

```
wx.login({
        success: function(res) {
}
})
```

页面初始化后获取服务器留言是通过调用 wx.request 向服务器发起请求开始的，进而服务器返回一个数组，格式为[[{"name":"xx","content":"xx","pic":"xx"},{"name":"xx","content":"xx","pic":"xx"},{"name":"xx","content":"xx","pic":"xx"},{"name":"xx","content":"xx","pic":"xx"},{"name":"xx","content":"xx","pic":"xx "}]，然后赋值给 array 变量后进行列表渲染。

留言功能是在输入完成后获取用户留言内容，连同用户的昵称、头像地址一同发送给服务器。服务器端作为一条数据插入到数据库，然后重新再调用最新的 5 条留言。注意 content-type 使用了 application/x-www-form-urlencoded，数据会以带参数的 GET 方式向服务器发出请求。

最后是服务器端编程，首先根据留言内容，需要建立一个数据库表，表名为 note，4 个字段，字段名为 id，name，content，imageurl，id 设为索引和递增。（相关数据库基础本书不再介绍）

列表 list.php 的编写代码如下：

```
<?php
include("coon.php");
$sql = "SELECT * FROM `note` ORDER BY `id` DESC limit 5 ";
$query=mysql_query($sql);
while($rs = mysql_fetch_array($query)) {
    $output[]=array('name'=>$rs['name'],'content'=>$rs['content'],'pic'=>$rs['imageurl']);
```

```
}
 print_r(json_encode($output));
?>
```

coon.php 为数据库连接文件，数据库查询条件为以 id 为逆序查询 5 条记录，也就是最新的 5 条留言记录。通过 while 语句，将获取的数据构造成一个数据，最后通过 json 编码后输出给客户端。

新增留言 note.php 的编写代码如下：

```
<?php
include("coon.php");
$name=$_GET['name'];
$content=$_GET['content'];
$imageurl=$_GET['imageurl'];
$sql="INSERT INTO `note` (`name`,`content`,`imageurl`)VALUES ('{$name}','{$content}','{$imageurl}')";
mysql_query($sql);
?>
```

新增留言，通过$_GET 获取客户端传来的数据，然后将数据插入到数据表中。

数据库连接文件 coon.php 的编写代码如下：

```
<?php
//数据库链接
$dbname = 'test';
$host = "587dc69046c79.gz.cdb.myqcloud.com:5825";
$user = "cdb_outerroot";
$pwd = "yiwei992";
/*接着调用mysql_connect()连接服务器*/
$link = mysql_connect($host,$user,$pwd);
if(!$link) {
        die("Connect Server Failed: " . mysql_error($link));
}
/*连接成功后立即调用mysql_select_db()选中需要连接的数据库*/
if(!mysql_select_db($dbname,$link)) {
        die("Select Database Failed: " . mysql_error($link));
        }
?>
```

PART12

视频讲解

第12章

交互反馈API和模板消息——以酒店预订为例

本章重点：

- app.js
- 交互反馈API
- 模板消息

■ 小程序为了防止运营者过度打扰用户，对用户互动设置了很多限制，但还保留两个接口，一个是前面介绍过的客服会话，另一个就是模板消息。模板消息会通过微信中的服务通知来告知用户。本章通过酒店预订的场景，学习模板消息的使用。类似已上线小程序可参考去哪儿酒店。

12.1 小程序功能

本章小程序的功能为用户填写酒店预订，服务器受理后通过服务通知，告知用户预订酒店成功与否。手机端效果如图 12-1～图 12-4 所示。

图 12-1 酒店预订手机界面

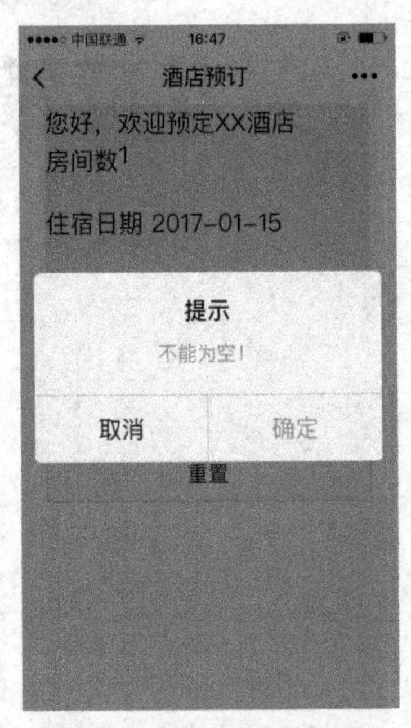

图 12-2 未填写完整信息报错

图 12-3 成功预订酒店

图 12-4 服务通知预订成功

12.2 小程序编写

新建项目 order，目录结构如图 12-5 所示。

图 12-5 酒店预订目录结构

app.json 的编写代码如下，即对目录下的页面进行配置。

```
{
  "pages":[
      "pages/index/index"
  ],
  "window":{
    "backgroundTextStyle":"light",
    "navigationBarBackgroundColor": "#fff",
    "navigationBarTitleText": "酒店预订",
    "navigationBarTextStyle":"black"
  }
}
```

之前未曾编写的 app.js 代码如下：

```
App({
  //  定义全局表量
  globalData: {
    userInfo: null,
    code: null,
  },
  //获取code值和用户信息
  onLaunch: function () {
    var that = this
    wx.login({
```

```
        success: function (e) {
          that.globalData.code = e.code
          wx.getUserInfo({
            success: function (res) {
              that.globalData.userInfo = res.userInfo
            }
          })
        }
      })
    }
})
```

app.js 和 page 页面有些类似，page 页面主要是注册页面，而 app.js 是注册程序，比页面级别更高，更先启动。和页面周期一样，app.js 也声明了周期函数，包括 onLaunch、onShow、onHide、onError，特殊的是 app.js 中可以定义全局变量，一般用 globalData 表示。上面的代码中定义了两个全局变量，一个是用户信息 userInfo，一个是 code。code 和小程序的 AppID 和 AppSecret 结合起来可以得到用户的 OpenID。每个微信用户的 OpenID 是唯一的，可以作为微信用户的标识，也是一些 API 中向指定用户发送的依据。在程序启动时，通过调用微信登录的接口 wx.login 及 wx. getUserInfo 获取到上述两个数据。在后边编写 page 页面时可以直接通过 getApp()全局函数直接调用，无需再调用函数，简化操作。

接下来编写 index 目录下的代码，页面配置继承 app.json，因此 index.json 为空，不做修改。视图文件 index.wxml 的编写代码如下：

```
<view class="page">
  <view>
    <text>您好，欢迎预定XX酒店</text>
  </view>
  <form bindsubmit="formSubmit" bindreset="formReset" report-submit="true">
    <view class="set1">
      <view>
        <text>房间数</text>
      </view>
      <view class="input">
        <input placeholder="1" name="orderno" ></input>
      </view>
    </view>
    <view class="set2">
```

```
        <view class="section__title">住宿</view>
        <picker  name="orderdate"  mode="date"  value="{{date}}"  start="2017-01-01"  end="2017-09-01"
bindchange="bindDateChange">
          <view class="picker">
            日期 {{date}}
          </view>
        </picker>
      </view>
      <view class="set3">
        <view class="people">
          <text>姓名</text>
        </view>
        <view class="name">
          <input name="ordername" class="input" placeholder="先生"></input>
        </view>
      </view>
      <view class="set4">
        <view class="tel">
          <text>电话</text>
        </view>
        <view class="inputtel">
          <input  name="ordertel"  class="input"  placeholder="13800000000"  maxlength="11"  style="width:
300rpx"></input>
        </view>
      </view>
      <view class="btn-area">
        <button formType="submit" type="primary">提交</button>
        <button formType="reset">重置</button>
      </view>
    </form>
</view>
```

通过手机预览效果，可以分析出该页面比较简单，就是一个 form 表单，可以进行提交和重置，对应的表单组件有 input 和（日期组件）picker。日期组件属性如表 12-1 所示。

表 12-1　日期组件属性

属性名	类型	默认值	说明
value	String	0	表示选中的日期，格式为"YYYY-MM-DD"
start	String		表示有效日期范围的开始，字符串格式为"YYYY-MM-DD"

续表

属性名	类型	默认值	说明
end	String		表示有效日期范围的结束，字符串格式为"YYYY-MM-DD"
fields	String	day	有效值 year，month，day，表示选择器的粒度
bindchange	EventHandle		value 改变时触发 change 事件，event.detail = {value: value}
disabled	Boolean	false	是否禁用

日期组件可以通过 bindchange 函数来获取选中的日期。

需要注意的是电话号码版块为了能够显示出完整号码，我们设置了宽度样式和 11 位的长度限制。

接下来样式文件 index.wxss 的编写代码如下：

```
.page {
  margin: 0rpx 50rpx 50rpx 50rpx;
  font-size: 50rpx;
  background-color: lavender;
}

.set1 {
  margin: 0rpx 0rpx 50rpx 0rpx;
  width: 100%;
  display: flex;
  flex-direction: row;
  align-items: center;
}

.input {
  width: 60%;
}

.set2 {
  margin: 0rpx 0rpx 50rpx 0rpx;
  width: 100%;
  display: flex;
  flex-direction: row;
  align-items: center;
}
```

```
.set3 {
  margin: 0rpx 0rpx 50rpx 0rpx;
  width: 100%;
  display: flex;
  flex-direction: row;
  align-items: center;
}

.people {
  flex: 2;
}

.name {
  flex: 3;
}

.set4 {
  margin: 0rpx 0rpx 50rpx 0rpx;
  width: 100%;
  display: flex;
  flex-direction: row;
  align-items: center;
}

.tel {
  flex: 1;
}

.inputtel {
  flex: 4;
}

.btn-area {
  width: 100%;
}
```

样式文件中先对整个页面的 page 下的样式进行外边距设置。然后对每一项语句采取 flex 布局，根据内容设置左右比例。

逻辑层文件 index.js 的编写代码如下：

```
//全局的 getApp() 函数,获取到小程序实例
var app = getApp()
Page({
  data: {
    userInfo: null
  },
  //页面载入，获取全局变量userInfo
  onLoad: function () {
    this.setData({
      userInfo: app.globalData.userInfo
    })
  },
//表单提交
  formSubmit: function (e) {
    var that = this
    var orderno = e.detail.value.orderno
    var orderdate = e.detail.value.orderdate
    var ordername = e.detail.value.ordername
    var ordertel = e.detail.value.ordertel
    var formid = e.detail.formId
//校验输入
    if (orderno == "" || orderdate == "" || ordername == "" || ordertel == "") {
      wx.showModal({
        title: '提示',
        content: '不能为空！'
      })
    }
    else {
      wx.showToast({
        title: '成功',
        icon: 'success',
        duration: 2000
      }),
      wx.request({
        url: 'https://79966767.qcloud.la/xcx/openid.php', //服务器信息
        data: {
          code: app.globalData.code,
          FORMID: formid,
          date: orderdate,
```

```
                no: orderno,
                name: ordername,
                tel: ordertel
            },
            header: {
                'content-type': 'application/x-www-form-urlencoded'
            },
            success: function (res) {
                console.log(res.data)
            }
        })
    }
  },
  //表单重置
  formReset: function () {
    this.setData({
      date: ''
    })
  },
  //日期选择
  bindDateChange: function (e) {
    this.setData({
      date: e.detail.value
    })
  },
})
```

逻辑层主要实现三个功能：一是通过微信授权获取用户 code 换取 OpenID；二是表单提交验证；三是向服务器发送表单数据。

由于已经在 app.js 获取了全局变量 userInfo 和 code，只需要在页面中使用全局函数 getApp()后，即可直接调用全局变量。

表单验证使用了逻辑或运算符“||”，当四个表单项一个为空，就显示错误。这里调用了交互界面 API——wx.showModal，而后显示弹窗，它的参数如表 12-2 所示。

表 12-2　wx.showModal 参数

参数	类型	必填	说明
title	String	是	提示的标题
content	String	是	提示的内容
showCancel	Boolean	否	是否显示取消按钮，默认为 true

续表

参数	类型	必填	说明
cancelText	String	否	取消按钮的文字，默认为"取消"，最多 4 个字符
cancelColor	HexColor	否	取消按钮的文字颜色，默认为"#000000"
confirmText	String	否	确定按钮的文字，默认为"确定"，最多 4 个字符
confirmColor	HexColor	否	确定按钮的文字颜色，默认为"#3CC51F"
success	Function	否	接口调用成功的回调函数，返回 res.confirm 为 true 时，表示用户单击确定按钮
fail	Function	否	接口调用失败的回调函数
complete	Function	否	接口调用结束的回调函数（调用成功、失败都会执行）

当参数都不为空的时候，调用 wx.showToast 消息提示框，它的参数如表 12-3 所示。

表 12-3　wx.showToast 参数

参数	类型	必填	说明
title	String	是	提示的内容
icon	String	否	图标，只支持"success""loading"
duration	Number	否	提示的延迟时间，单位毫秒，默认：1500，最大为 10000
mask	Boolean	否	是否显示透明蒙层，防止触摸穿透，默认：false
success	Function	否	接口调用成功的回调函数
fail	Function	否	接口调用失败的回调函数
complete	Function	否	接口调用结束的回调函数（调用成功、失败都会执行）

参数不为空后，向服务器发送 wx.request 请求，将表单数据和 code 发送给服务器，这里注意，连同表单的 formid 也要发送，这是发送模板消息的参数。

然后是日期选择和表单重置的两个简单功能。

最后来看下模板消息如何发送。首先要登录小程序后台管理界面，在模板消息中选择需要的模板，这里选用了酒店预订的模板，具体调用的项目可以自行选择，如图 12-6 所示。

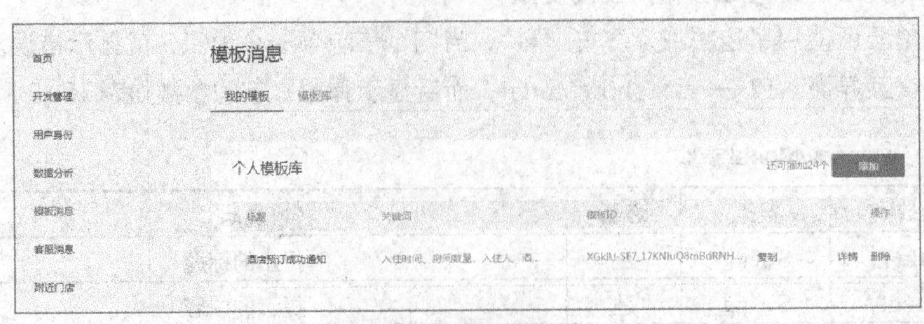

图 12-6　模板消息

模板消息中的一个参数是模板ID，单击详情后会显示模板的参数keyword，如图12-7所示。

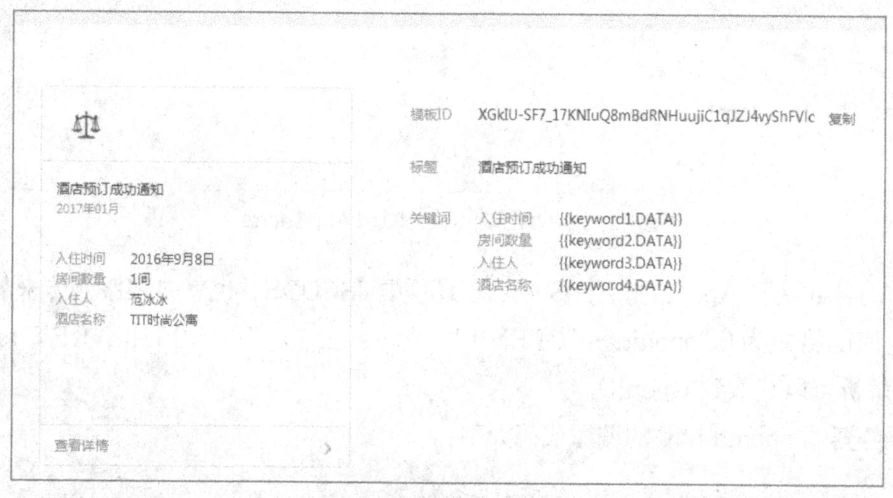

图12-7 模板消息的参数

发送模板消息的请求方式为POST方式，POST内容的参数如表12-4所示。

表12-4 模板消息POST参数

参数	必填	说明
touser	是	接收者（用户）的OpenID
template_id	是	所需下发的模板消息的ID
page	否	单击模板卡片后的跳转页面，仅限本小程序内的页面。支持带参数，（示例index?foo=bar）。该字段不填则模板无跳转
form_id	是	表单提交场景下，为submit事件带上的formId；支付场景下，为本次支付的prepay_id
value	是	模板内容，不填则下发空模板
color	否	模板内容字体的颜色，不填则默认黑色
emphasis_keyword	否	模板需要放大的关键词，不填则默认无放大

通过分析，使用模板消息需要调用的参数我们还需要ACCESS TOKEN、OpenID。

ACCESS TOKEN的请求方式为GET。

如果读者开发过微信公众号，就会非常熟悉，它的接口地址是一样的，APPSECRET可以在小程序的开发设置中得到，如图12-8所示。

该接口返回的为{"access_token": "ACCESS_TOKEN", "expires_in": 7200}，可以通过JSON解析获取access_token。

OpenID的请求方式也为GET。

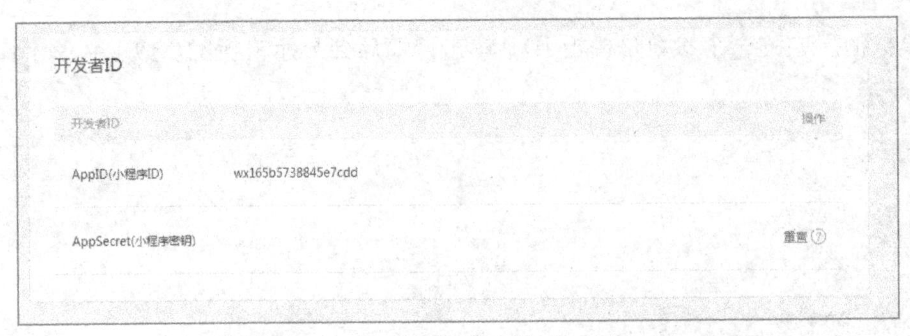

图 12-8 获取小程序 AppID 和 AppSecret

它的参数除了 AppID 和 AppSecret，还需要 JSCODE，也就是客服端传来的 code 值。返回的格式为{ "openid": "OPENID", "session_key": "SESSIONKEY"}，通过 JSON 解析可以获取到 OpenID。

服务器端 openid.php 的编写代码如下：

```
<?php
$appid = 'wxefaedb29a95ca943';
$sessionKey = '99356bee01d00b0eb03d6c3fa13bf0c0';
//获取客户端输入内容
$code=$_GET['code'];
$FORMID=$_GET['FORMID'];
$date=$_GET['date'];
$no=$_GET['no'];
$name=$_GET['name'];
$tel=$_GET['tel'];
//获取openid
$url                                                                    =
"https://api.weixin.qq.com/sns/jscode2session?appid={$appid}&secret={$sessionKey}&js_code={$code}&gr
ant_type=authorization_code";
$resp=file_get_contents($url);
$robot=json_decode($resp);
$openid = $robot->openid;

//获取token
$url                                                                    =
"https://api.weixin.qq.com/cgi-bin/token?grant_type=client_credential&appid={$appid}&secret={$sessionKe
y}";
$ch = curl_init();
curl_setopt($ch, CURLOPT_URL,$url);
curl_setopt($ch, CURLOPT_RETURNTRANSFER, 1);
curl_setopt($ch, CURLOPT_SSL_VERIFYPEER, false);//无需https校验
```

```
$a = curl_exec($ch);
$strjson=json_decode($a);
$token = $strjson->access_token;

//构造模板内容
$k1=array("value"=>$date,"color"=>"#173177");
$k2=array("value"=>$no,"color"=>"#173177");
$k3=array("value"=>$name,"color"=>"#173177");
$k4=array("value"=>"XX酒店","color"=>"#173177");
$key=array("keyword1"=>$k1,"keyword2"=>$k2,"keyword3"=>$k3,"keyword4"=>$k4);
$a=array("touser"=>$openid,"template_id"=>"ySW7pzSs-X8kIJFsshJ4rhBjTR-DPMp-pe7CXCXKwEA","form_
id"=>$FORMID,"data"=>$key,"emphasis_keyword"=>"keyword1.DATA");
$post=json_encode($a);
//发送模板消息
$url =
"https://api.weixin.qq.com/cgi-bin/message/wxopen/template/send?access_token={$token}";
$ch = curl_init();
curl_setopt($ch, CURLOPT_URL, $url);//url
curl_setopt($ch, CURLOPT_POST, 1);   //post
curl_setopt($ch, CURLOPT_POSTFIELDS, $post);
curl_setopt($ch, CURLOPT_SSL_VERIFYPEER, false);
curl_exec($ch);
curl_close($ch);
?>
```

PHP 中可以通过 file_get_contents 或 curl 两种方式对 GET 进行请求；对于 POST 请求，只能用 curl 方式。注意由于使用的是 HTTPS 协议，需要添加参数 CURLOPT_SSL_VERIFYPEER。另外模板消息的 POST 参数的调用格式如下：

```
{
  "touser": "OPENID",
  "template_id": "TEMPLATE_ID",
  "page": "index",
  "form_id": "FORMID",
  "data": {
      "keyword1": {
          "value": "339208499",
          "color": "#173177"
      },
      "keyword2": {
          "value": "2015年01月05日  12:30",
```

```
            "color": "#173177"
        },
        "keyword3": {
            "value": "粤海喜来登酒店",
            "color": "#173177"
        } ,
        "keyword4": {
            "value": "广州市天河区天河路208号",
            "color": "#173177"
        }
    },
    "emphasis_keyword": "keyword1.DATA"
}
```

由于参数中有变量，这里使用了数组逐步构造的方式，最后通过 JSON 输出。

本章案例开发过程中没有使用 userInfo 数据，读者可以根据业务需求进行调用以及对请求数据进行手动操作。如手动确认订房是否成功，成功后发送信息；如房源紧张，可以发送订房失败的消息。这里不再进行介绍。

PART13

视频讲解

第13章 页面参数传递和分享——以文章列表为例

本章重点：

- 页面上拉触底事件
- 页面跳转
- 页面传参
- 页面分享

■ 小程序的大小限制为 1MB，很多时候数据必须放在服务器上，用户使用时再进行下载。一些媒体信息类小程序也是将现有的网站数据直接嫁接到小程序上，如今日头条等。这就要用到文章列表的功能。本章通过简单的文章列表小程序，实现底部刷新加载，单击标题进入内容详情页面，并可以分享页面。类似已上线小程序可参考汕头生活+。

13.1 小程序功能

本章小程序的功能是从服务器下载文章列表标题，进行底部刷新，单击后进入内容详情。手机端效果如图 13-1 和图 13-2 所示。

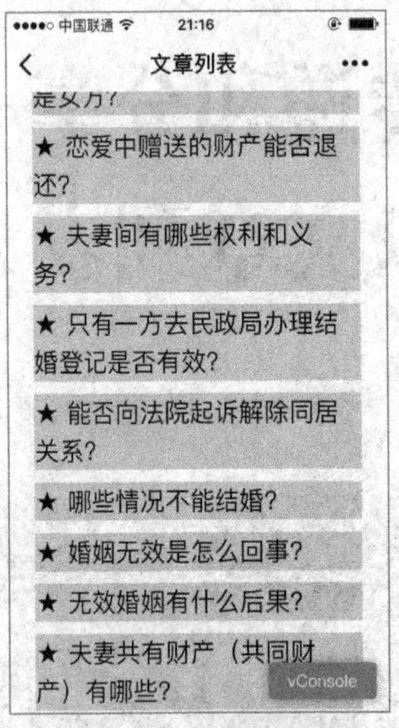

图 13-1 文章列表界面

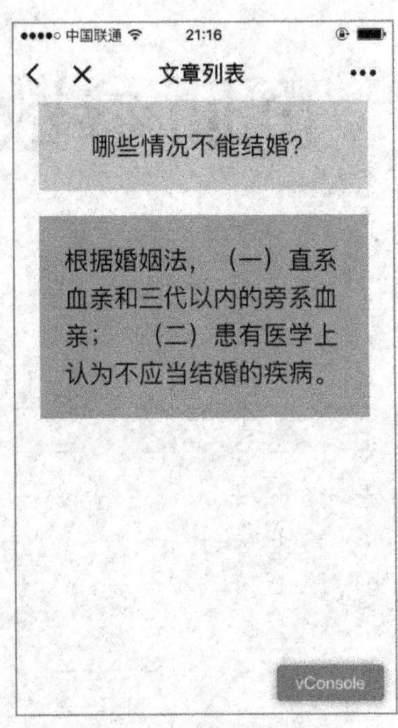

图 13-2 文章详情界面

13.2 小程序编写

新建项目 list，目录结构如图 13-3 所示。

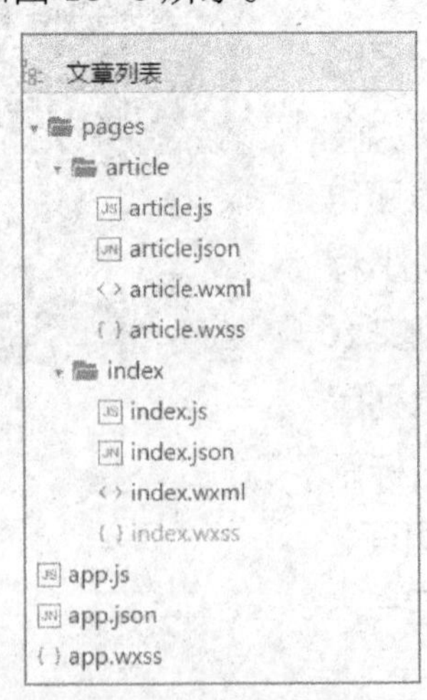

图 13-3 页面列表目录结构

其中 index 是列表目录，article 下是显示具体页面的目录。

app.json 的编写代码如下，即对目录下的两个页面进行注册。

```
{
  "pages":[
       "pages/index/index",
        "pages/article/article"
  ],
  "window":{
    "backgroundTextStyle":"light",
    "navigationBarBackgroundColor": "#fff",
    "navigationBarTitleText": "文章列表",
    "navigationBarTextStyle":"black"
  }
}
```

接下来编写 index 目录下的代码，视图文件 index.wxml 的编写代码如下：

```
<view class="page">
<view class="top"><text >底部可刷新</text></view>
  <view class="body">
    <view class="list" wx:for="{{array}}"     >
      <view class="item" id="{{item.id}}" bindtap="short">
        ★   {{item.title}}
      </view>
    </view>
  </view>
</view>
```

整个页面比较简单，代码也简单，上方是一个操作提示，下方是列表，通过列表循环将列表输出，类似于前面章节的 To Do List，关联好 ID 及单击事件。

接下来样式文件 index.wxss 的编写代码如下：

```
.page {
  margin: 0rpx 50rpx 50rpx 50rpx;
}


.top{
  text-align: center;
  color: red;
}
.item {
  margin: 25rpx 0rpx 25rpx 0rpx;
```

```
  background-color: lightblue;
  font-size: 50rpx;
}
```

样式文件中主要对列表页面进行边距、背景色、字体的设置。

逻辑层文件 index.js 的编写代码如下：

```
var num = 0
Page({
  data: {
  },
  onLoad: function (options) {
    var that = this
    wx.request({
      url: 'https://79966767.qcloud.la/xcx/list5.php', //服务器列表地址
      success: function (res) {
        that.setData({
          array: res.data
        })
      }
    })
  },

  //携带ID跳转
  short: function (e) {
    var id = e.target.id
    wx.navigateTo({
      url: '../article/article?dataid=' + id
    })
  },

  //到底部刷新
  onReachBottom: function () {
    var that = this

    num = num + 5

    wx.request({
      url: 'https://79966767.qcloud.la/xcx/list5.php',
      data: {
        number: num
```

```
        },
        header: {
          'content-type': 'application/x-www-form-urlencoded'
        },
        success: function (res) {

          that.setData({
            array: res.data
          })

        }
      })
    }
})
```

逻辑层主要实现三个功能，一是页面加载默认列表，二是单击标题后跳转到文章页面，三是到底部后刷新 5 条新数据。

页面加载功能在前面章节留言板中介绍过，此处基本类似。跳转功能使用到了导航 API——wx.navigateTo，它表示保留当前页面并跳转到应用内的某个页面，使用 wx.navigateBack 可以返回到原页面。相反的操作接口是 wx.redirectTo，它的功能是关闭当前页面，跳转到应用内某个页面。wx.navigate To 的参数如表 13-1 所示。

表 13-1　wx.navigate To 参数

参数	类型	必填	说明
url	String	是	需要跳转的应用内非 tabBar 的页面的路径，路径后可以带参数。参数与路径之间使用？分隔，参数键与参数值用=相连，不同参数用&分隔；如'path?key=value&key2=value2'
success	Function	否	接口调用成功的回调函数
fail	Function	否	接口调用失败的回调函数
complete	Function	否	接口调用结束的回调函数（调用成功、失败都会执行）

这里跳转的参数为单击列表获取的 ID，也是数据库中的索引值 ID。使用“+”把跳转的页面路径字符串和 ID 值进行连接。

页面到底部刷新，也就是页面上拉刷新，这样的操作是为了节省资源，避免一次性从服务器下载全部数据。这里用到了页面函数的 onReachBottom 属性，与之相对的是 onPullDownRefresh 下拉刷新属性，注意使用下拉刷新前要在 app.json 中将 window 选项中的 enablePullDownRefresh 设置为 true，若使用 onReachBottom 则无需设置。为了每次底部上拉实现刷新 5 条数据，这里设置了 num 变量，每次触发事件时，值加

5。同时上拉刷新时将 num 的参数向服务器发出请求，返回的数据再进行渲染。

再来看一下服务器端 list5.php 的数据处理，其编写代码如下：

```
<?php
$number=$_GET["number"];
$no=$number+10;
include("coon.php");
$sql = "SELECT * FROM `ask`   LIMIT 0,{$no}";
$query=mysql_query($sql);
while($rs = mysql_fetch_array($query)) {
$output[]=array('id'=>$rs['id'],'title'=>$rs['title']);
}
 print_r(json_encode($output));


?>
```

服务器首先获取 number 值，若没有则默认为 10，即从数据库中获取第 0 条到第 10 条数据，如果继续刷新则可以到 15 条，20 条，依次类推。SQL 语句中 LIMIT a,b 表示从第 a 行到第 b 行的数据。数据获取后，进行格式拼接，最后以 json 格式进行输出。

再来看 article 目录下的编写。

首先，article.wxml 的编写代码如下：

```
<view class="page">
  <view class="body">
    <view class="title"> {{article.title}}
    </view>
    <view class="content">{{article.content}}</view>
  </view>
</view>
```

主要是编写文章标题和内容，变量为数组格式。

article.wxss 的编写代码如下：

```
.page {
  margin: 0rpx 50rpx 50rpx 50rpx;
}

.title {
  text-align: center;
  background-color: lightblue;
  font-size: 50rpx;
```

```
  padding: 50rpx;
  margin-bottom: 50rpx;
}

.content {
  background-color: lightcoral;
  font-size: 50rpx;
  padding: 50rpx;
  text-align: left;
}
```

主要是对标题和内容进行设置，这里设置相对简单，可以根据内容的形式和需要去进行调整美化。

逻辑处理 article.js 的编写代码如下：

```
var list,id
Page({
  data:{},
  onLoad:function(options){
   var that = this
   id=options.dataid
     wx.request({
      url: 'https://79966767.qcloud.la/xcx/list6.php',
      data: {
        id: id
      },
      header: {
        'content-type': 'application/x-www-form-urlencoded'
      },
      success: function (res) {
      list=res.data
     that.setData({
                article: res.data
            })
          }
        })
      },
// 分享页面
onShareAppMessage: function () {
    return {
      title: list.title,
```

```
            desc: list.content,
            path: '/article/article?dataid='+id
        }
    }
})
```

逻辑页面也有三个功能，一是接受由 index 页面传递来的 dataid 参数，二是根据传参请求服务器显示文章标题和具体内容，三是分享页面给好友。

关于页面传递来的参数，其可以从页面加载时的参数中获取到，即 onLoad: function(options)里面 options 包含了上一个页面来的参数。获取到参数后按照 ID 请求服务器获取页面内容数据。最后分享页面使用了分享 API——onShareAppMessage，参数说明如表 13-2 所示。

表 13-2　onShareAppMessage 参数

字段	说明	默认值
title	分享标题	当前小程序名称
desc	分享描述	当前小程序名称
path	分享路径	当前页面 path，必须是以/开头的完整路径

这里选择了将文章列表的标题和内容均进行分享，如图 13-4 所示，可以看到小程序中分享的页面比普通公众号分享的内容要大，显得更直观。

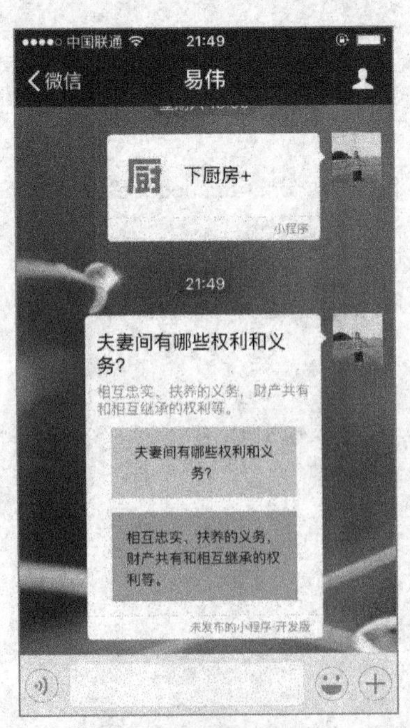

图 13-4　分享页面

最后，服务器端 list6.php 的编写代码如下：

```
<?php
include("coon.php");
$id=$_GET['id'];
$sql = "SELECT * FROM `ask` WHERE   `id` ='{$id}' ";
$query=mysql_query($sql);
$rs=mysql_fetch_array($query);
$output=array('title'=>$rs['title'],'content'=>$rs['content']);
 print_r(json_encode($output));


?>
```

根据传递的参数 ID，获取对应的标题和内容返回给客户端。

PART14

视频讲解

第14章

画布组件和绘图API——以马赛克为例

本章重点：

- canvas组件
- canvas API

■ 微信 iOS6.5.2 版本和 Android 6.5.4（更新日期 2017 年 1 月 19 日）中增加了照片的简单编辑功能，可以对照片进行马赛克处理，用来处理用户的隐私。本章的小程序通过模拟照片马赛克功能，学习小程序中 canvas 组件的用法。类似已上线小程序可参考涂鸦神器。

14.1 小程序功能

本章小程序的功能为用户通过拍照或打开相册选取一张图片，手指划过希望打马赛克的部分，保存后可分享给好友，好友单击图片后可直接看到马赛克处理后的图片。手机端效果如图 14-1 所示。

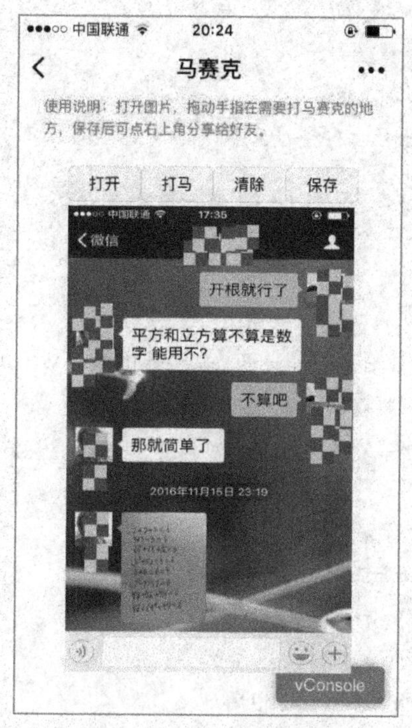

图 14-1　马赛克手机端

14.2 小程序编写

新建项目 masaike，目录结构如图 14-2 所示。

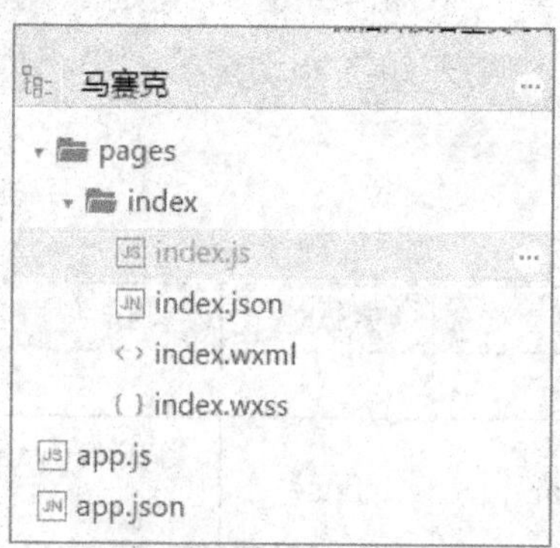

图 14-2　马赛克目录结构

app.json 的编写代码如下：

```
{
  "pages":[
    "pages/index/index"

  ],
  "window":{
    "backgroundTextStyle":"light",
    "navigationBarBackgroundColor": "#fff",
    "navigationBarTitleText": "马赛克",
    "navigationBarTextStyle":"black"
  }

}
```

接下来编写 index 目录下的代码，视图文件 index.wxml 的编写代码如下：

```
<view class="page">
  <view class="title">使用说明：打开图片，拖动手指在需要打马赛克的地方，保存后可点右上角分享给好友。
</view>
  <view class="body">
    <button bindtap="click" size="mini">打开</button>
    <button bindtap="cover" size="mini">打马</button>
    <button size="mini" bindtap="clear">清除</button>
    <button bindtap="save" size="mini">保存</button>
  </view>
  <canvas class="canvas" canvas-id="myCanvas" bindtouchstart="start" bindtouchmove="move" bindtouchend
="end" disable-scroll="true">
  </canvas>
</view>
```

整个页面比较简单，上方是一个操作提示，中间是 4 个操作按钮，下方为画布 canvas 组件，canvas 组件是小程序中用来绘图和动画的基础组件，它的基本属性如表 14-1 所示。

表 14-1　canvas 组件属性

属性名	类型	默认值	说明
canvas-id	String		canvas 组件的唯一标识符
disable-scroll	Boolean	false	当在 canvas 中移动时，禁止屏幕滚动以及下拉刷新
bindtouchstart	EventHandle		手指触摸动作开始

续表

属性名	类型	默认值	说明
bindtouchmove	EventHandle		手指触摸后移动
bindtouchend	EventHandle		手指触摸动作结束
bindtouchcancel	EventHandle		手指触摸动作被打断，如来电提醒，弹窗
bindlongtap	EventHandle		手指长按 500ms 之后触发，触发了长按事件后进行移动不会触发屏幕的滚动
binderror	EventHandle		当发生错误时触发 error 事件，detail = {errMsg: 'something wrong'}

由于需要手指滑动打马赛克，那么将 disable-scoll 设置为 true，这里特别需要注意的是当前版本无论 JS 文件中对手指的动作事件是否处理，canvas 对应的 bindtouchstart、bindtouchmove、bindtouchend 属性都必须要进行定义，否则处理中会出错。这里我们只需对 move 事件进行处理，但依旧定义了 start 和 end 事件。

接下来，样式文件 index.wxss 的编写代码如下：

```
.page {
  margin: 0rpx 50rpx 50rpx 50rpx;
}

.title {
  font-size: 30rpx;
  color: deeppink;
}

.body {
  margin: 50rpx 0rpx 10rpx 50rpx;
}

.canvas {
  margin: 0rpx 0rpx 20rpx 50rpx;
  width: 240px;
  height: 380px;
}
```

canvas 组件默认宽度为 300px、高度为 225px，这里主要根据手机截屏的宽高进行比例设置。最后，逻辑层文件 index.js 的编写代码如下：

```
const ctx = wx.createCanvasContext('myCanvas')
var imagepath
var fun = true
```

```
Page({
  //获取分享图片地址
  onLoad: function (options) {
      if(options.path!==undefined){
    imagepath = options.path
    ctx.drawImage(imagepath, 0, 0, 240, 380)
    ctx.draw()}
  },

  //选择图片

  click: function (e) {
    wx.chooseImage({
      count: 1,
      success: function (res) {
        ctx.drawImage(res.tempFilePaths[0], 0, 0, 240, 380)
        ctx.draw()
      }
    })
  },

  //手指移动
  move: function (e) {
    //打马赛克
    if (fun) {
      ctx.setFillStyle('red')
      ctx.fillRect(e.touches[0].x, e.touches[0].y, 10, 10)
      ctx.fillRect(e.touches[0].x+10, e.touches[0].y+10, 10, 10)
      ctx.setFillStyle('pink')
      ctx.fillRect(e.touches[0].x+10, e.touches[0].y, 10, 10)
      ctx.fillRect(e.touches[0].x, e.touches[0].y+10, 10, 10)
      ctx.draw(true)
    }
    //擦除
    else {
      ctx.clearRect(e.touches[0].x, e.touches[0].y, 20, 20)
      ctx.draw(true)
    }
  }
```

```
,
  //按键切换
  clear: function (e) {
    fun = false
  },
  cover: function (e) {
    fun = true
  },
  //保存图片
  save: function (e) {
    console.log("保存")
    wx.canvasToTempFilePath({
      canvasId: 'myCanvas',
      success(res) {
          imagepath = res.tempFilePath
      }
    })
  },
  //分享给好友
  onShareAppMessage: function () {
    return {
      title: '我的图片',
      desc: '',
      path: '/pages/index/index?path=' + imagepath
    }
  }


})
```

canvas 绘图的第一步就是创建一个 canvas 绘图上下文对象——CanvasContext。CanvasContext 是小程序内建的一个对象，其中有一些绘图的方法，程序开始用常量定义 ctx 为绘图上下文。第二步对 canvas 中绘制的内容进行描述，如颜色，位置、形状，这里小程序中提供了丰富的 API，以 ctx.的方式进行逐步描述。第三步将上述描述绘制到画布上，可使用 ctx.draw()的方法，其中若（ ）内参数为 true，则保留上一次的绘图，为空则每次重新绘图。

小程序实现的逻辑首先是单击按钮打开图片，其使用了媒体 API 的 wx.chooseImage，该 API 的参数如表 14-2 所示。

表 14-2　wx.chooseImage 参数

参数	类型	必填	说明
count	Number	否	最多可以选择的图片张数，默认 9
sizeType	StringArray	否	Original 为原图，compressed 为压缩图，默认两者都有
sourceType	StringArray	否	album 为从相册选图，camera 为使用相机，默认两者都有
success	Function	是	成功则返回图片的本地文件路径列表 tempFilePaths
fail	Function	否	接口调用失败的回调函数
complete	Function	否	接口调用结束的回调函数（调用成功、失败都会执行）

打马赛克只需要一张图片，count 参数设置为 1。success 返回的参数 tempFilePaths 为图片的临时路径。在 canvas 上绘制图形使用了绘图 API 中的 drawImage，它的参数如表 14-3 所示。

表 14-3　drawImage 参数

参数	类型	说明
imageResource	String	所要绘制的图片资源
X	Number	图像左上角的 x 坐标
Y	Number	图像左上角的 y 坐标
width	Number	图像宽度
height	Number	图像高度

选中图片后将图片临时路径写入，从 canvas 的（0,0）坐标开始绘图。注意 canvas 的左上角坐标为（0,0），向右向下，x、y 坐标逐渐增大。

打马赛克处理使用的方法是随着手指的移动，在每个手指移过的地方都进行马赛克绘制。通过 bindtouchmove 事件获取到手指移动过的坐标（x，y），打马赛克时处理过程为绘制 4 个红粉相间隔、边长为 10px 的正方形，如图 14-3 所示。

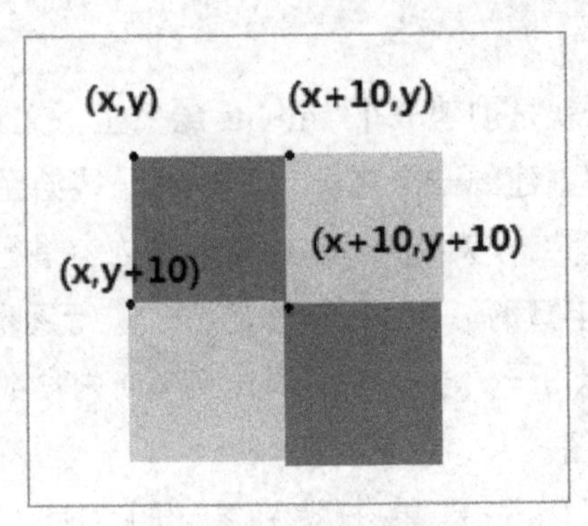

图 14-3　马赛克坐标

绘制矩形 fillRect 的参数如表 14-4 所示。

表 14-4　fillRect 参数

参数	类型	说明
x	Number	矩形路径左上角的 x 坐标
y	Number	矩形路径左上角的 y 坐标
width	Number	矩形路径的宽度
height	Number	矩形路径的高度

用 setFillStyle()设置矩形的填充色，如果未设置则默认是黑色。

相反，擦除用的方法是 clearRect，可以理解为用 canvas 背景相同的颜色绘制矩形，参数与 fillRect 一样。

程序里设置了变量 fun，对打马赛克和清除操作进行切换。

单击保存图片后，调用的 API 为绘图 API 中的 wx. CanvasToTempFilePath，把当前画布的内容导出生成图片，并返回文件路径。参数如表 14-5 所示。注意保存的路径是在微信中的临时路径，并没有保存到手机的相册中。

表 14-5　wx.canvasToTempFilePath 参数

参数	类型	必填	说明
canvasId	String	是	画布标识，传入<canvas/>的 cavas-id
success	Function	否	接口调用成功的回调函数
fail	Function	否	接口调用失败的回调函数
complete	Function	否	接口调用结束的回调函数（调用成功、失败都会执行）

最后通过分享按钮将图片路径通过参数传递给好友，好友通过 onload 获取的 options 参数得到图片地址。

PART15

视频讲解

第15章

日期函数和函数封装——以时钟为例

本章重点：

- canvas API
- 日期函数
- 函数封装

■ 上一章学习了canvas的基本用法，本章通过经典时钟案例来继续学习canvas画线、画圆、时间周期等用法，同时了解JS中日期函数、三角函数以及基本的函数封装方法。

15.1 小程序功能

本章小程序的功能为通过时钟的方式显示当前的时间，当然秒针是运动的，所以也可以说是一个简单的动画。手机端效果如图 15-1 所示。

图 15-1　时钟手机端

15.2 小程序编写

新建项目 clock，目录结构如图 15-2 所示。

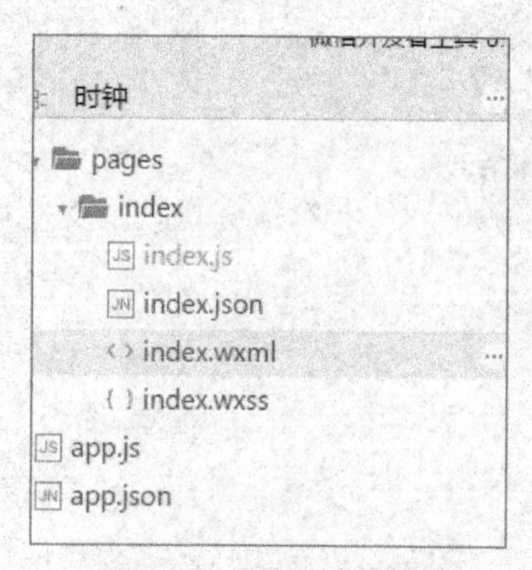

图 15-2　时钟目录结构

app.json 的编写代码如下：

```
{
  "pages": [
    "pages/index/index"
  ],
  "window": {
    "backgroundTextStyle": "light",
    "navigationBarBackgroundColor": "#fff",
    "navigationBarTitleText": "时钟",
    "navigationBarTextStyle": "black"
  }
}
```

接下来编写 index 目录下的代码，视图文件 index.wxml 的编写代码如下：

```
 <canvas class="canvas" canvas-id="myCanvas" >
 </canvas>
```

整个页面只放置 canvas 组件。

接下来，样式文件 index.wxss 的编写代码如下：

```
.canvas {
  width: 300px;
  height: 300px;
  background-color: lavender;
}
```

canvas 设置背景的宽和高均为 300px。

最后，逻辑层文件 index.js 的编写代码如下：

```
const ctx = wx.createCanvasContext('myCanvas')
Page({

  onShow: function (e) {
    setInterval(show, 1000);//每秒执行1次
    function show() {
      secshow()
      minshow()
      houshow()
      backshow()
      numbershow()
      ctx.draw()
```

```
        }
    },
})
//秒针
function secshow() {
    var now = new Date()
    var sec = now.getSeconds()
    //角度弧度
    var angle = sec * Math.PI / 30
    var x = 100 * Math.sin(angle) + 150
    var y = 150 - 100 * Math.cos(angle)
    ctx.beginPath()
    ctx.setLineWidth(1)
    ctx.setStrokeStyle('red')
    ctx.moveTo(150, 150)
    ctx.lineTo(x, y)
    ctx.closePath()
    ctx.stroke()
}
//分针
function minshow() {
    var now = new Date()
    var min = now.getMinutes()
    var sec = now.getSeconds()
    var angle = (min + sec / 60) * Math.PI / 30
    var x = 80 * Math.sin(angle) + 150
    var y = 150 - 80 * Math.cos(angle)
    ctx.beginPath()
    ctx.setLineWidth(5)
    ctx.setStrokeStyle('black')
    ctx.moveTo(150, 150)
    ctx.lineTo(x, y)
    ctx.closePath()
    ctx.stroke()
}
//时针
function houshow() {
```

```
  var now = new Date()
  var hou = now.getHours()
  hou = hou % 12 //24小时制，取余数
  var min = now.getMinutes()
  var sec = now.getSeconds()
  var angle = (hou + min / 60 + sec / 3600) * Math.PI / 6
  var x = 50 * Math.sin(angle) + 150
  var y = 150 - 50 * Math.cos(angle)
  ctx.beginPath()
  ctx.setLineWidth(8)
  ctx.moveTo(150, 150)
  ctx.lineTo(x, y)
  ctx.closePath()
  ctx.stroke()
}
//表盘
function backshow() {
  ctx.beginPath()
  ctx.setLineWidth(3)
  ctx.arc(150, 150, 110, 0, 2 * Math.PI)
  ctx.closePath()
  ctx.stroke()
}
//数字
function numbershow() {
  ctx.beginPath()
  ctx.setFontSize(20)
  for (var i = 1; i < 13; i++) {
    var angle = i * Math.PI / 6
    var x = 100 * Math.sin(angle) + 145//微调
    var y = 155 - 100 * Math.cos(angle)
    ctx.fillText(i, x, y)
  }
  ctx.closePath()
  ctx.stroke()
}
```

在分析代码之前，先来复习一下 JS 中的日期及三角函数。在 JS 中 Date 对象用于处理日期和时间，可以通过 new 关键词来定义 Date 对象，Date 对象自动使用当前的日期和时间作为其初始值，返回值如 Sun Jan 22 2017 21:40:18 GMT+0800（中国标准时间）。

设置日期对象的方法有 getHours（ ）返回小时（二十四小时制）、getMinutes（ ）返回分钟、getSeconds（ ）返回秒数。通过返回的小时、分钟和秒数，可以得到时针、分针、秒针分别转过的度数（弧度制），JS 中的∏（圆周率）用 Math.PI 表示。对应的三角函数使用 Math.sin()、Math.cos()表示。通过勾股定理和三角函数可以得到时针、分针、秒针对应的坐标。首先秒针最简单，每秒对应的弧度是 360 度 ÷ 60 秒=6 度，换算成弧度为∏/ 30（∏=180 度），过了几秒，秒针对应就是多少个∏/ 30。如图 15-3 所示，α 为秒针转过的角度，γ 为秒针长度的圆半径，O 为圆心，A 为秒针终点位置。根据三角函数计算可以由 O 点的坐标得到 A 点的坐标。A(x)= γ *sin(α) + O(x), A(y) =O(y) − γ *cos(α)。这里注意 canvas 的坐标原点在左上角。

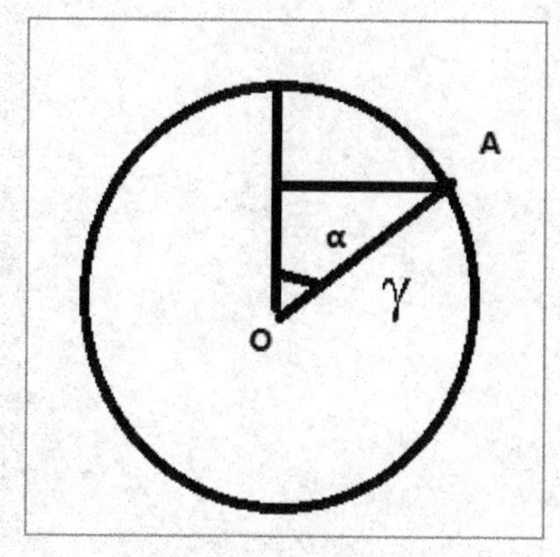

图 15-3　三角函数

在计算分针的坐标时，除了考虑分针转过的度数，还要加上秒针对分针的影响，也就是实际钟表的转动情况，分针每秒钟都在转动，而不是到整点后进行跳帧。

在计算时针的坐标时，除了同样考虑分针、秒针对时针的影响，还要处理 24 小时制，若要转换为 12 小时制，就要进行取余运算，JS 中用%表示取余数，即 21 % 12 为 9。

获取到时针、分针和秒针的坐标，就可以开始在画布上画线。画线的基本操作是先调用 beginPath 创建一个路径，调用 MoveTo 把路径移动到画布中的指定点，此时不画线。调用 lineTo 增加一个新点，然后从上一个点到新点进行画线。画线期间可对画线宽度 setLineWidth 进行设置，并对画线颜色 setStrokeStyle 进行设置，调用 closePath 关闭路径，调用 stroke 渲染路径。注意同一个路径内的多次 setStrokeStyle()、setLineWidth()等设置，以最后一次设置为准。本程序对秒针和分针进行了颜色设置，绘图时先画秒针为红色，再画分针为黑色，剩下时针表盘都以最后分针设置的黑色为准。

表盘绘制为画圆，方法为 arc(x,y,r,0, 0, 2 * Math.PI)，参数为圆心坐标和半径。

表盘上数字绘制方位是 fillText(text,x,y)，参数为文本、坐标。使用 for 循环进行输出，对应表盘的位置进行坐标微调。

以上每一步绘制方法都封装到对应的函数中，show 函数再分别进行调用，并最后通过 draw 方法进行输出。由于时钟每秒钟都在进行，在 JS 中使用函数 setInterval (fun,mm)，其中的参数表示函数和毫秒数，表示每隔多少毫秒运行其中的函数。

PART16

视频讲解

第16章

动画API和冒泡事件——以风水罗盘为例

本章重点：

- 动画API
- 函数封装
- 冒泡事件

■ 小程序中提供了动画 API，但是小程序不允许游戏类应用，因此动画也只能用在一些展示效果上，本章通过风水罗盘的手动旋转功能，来初步学习小程序中的动画用法，同时学习函数封装及冒泡事件的概念。类似已上线小程序可参考滴滴出行 DIDI。

16.1　小程序功能

本章小程序的功能为通过手指顺时针、逆时针滑动实现风水罗盘的旋转。手机端效果如图 16-1 所示。风水罗盘作为中国传统文化的一部分，在确定房屋坐向、挑选吉位等方面有着重要作用。（实际的风水罗盘还需要手机罗盘等功能，本程序单实现旋转功能）

图 16-1　风水罗盘

16.2　小程序编写

新建项目 luopan，目录结构如图 16-2 所示。

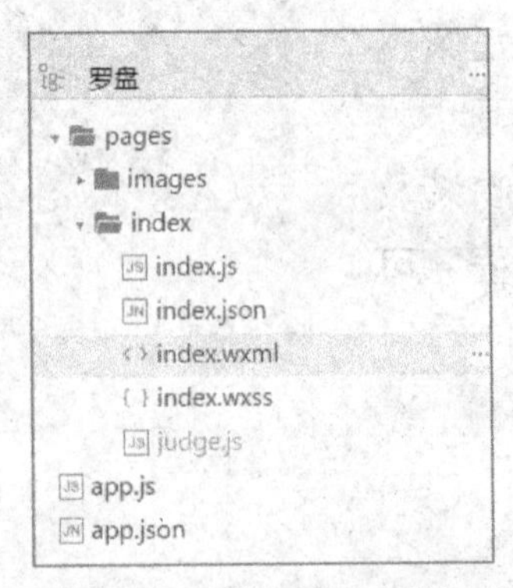

图 16-2　风水罗盘目录结构

app.json 的编写代码如下：

```
{
  "pages": [
    "pages/index/index"
  ],
  "window": {
    "backgroundTextStyle": "light",
    "navigationBarBackgroundColor": "#fff",
    "navigationBarTitleText": "风水罗盘",
    "navigationBarTextStyle": "black"
  }
}
```

接下来编写 index 目录下的代码，视图文件 index.wxml 的编写代码如下：

```
<image src="../images/l.png" style="width:300px; height: 300px" animation='{{anim}}' catchtouchstart="start"
catchtouchmove="move" catchtouchend="end">
</image>
```

整个页面只放置 image 组件。调取 images 目录下罗盘图片，这里增加了动画效果 animation，它用来调用小程序中的动画 API——wx.createAnimation。动画的范围比较广泛，可以应用于很多组件，比如 view、canvas、image、text。一个 page 页面也可以有多个动画。要实现罗盘旋转动画，有两个选择，一个是直接在 image 上进行动画，另一个是在 canvas 中进行动画。经测试，在 canvas 中设置有两个问题：一是 canvas 里的 drawImage 暂时只支持打开临时路径，不能打开小程序中的文件，这个问题可以用 download API 从服务器下载文件转入到临时路径来解决；二是在旋转 canvas 时，canvas 里的图片由于在最上层，不随 canvas 进行旋转。因此，我们这里选择直接在 image 组件上进行动画操作。如同第 14 章马赛克中的场景，也要对手指开始、滑动、结束事件进行绑定。但注意这里没有使用 bind，而是使用了 catch。这是为了避免发生冒泡事件。小程序是这样定义的：

冒泡事件：当一个组件上的事件被触发后，该事件会向父节点传递，使用 bind；

非冒泡事件：当一个组件上的事件被触发后，该事件不会向父节点传递，使用 catch。

以这个小程序为例，如果我们使用 bind 进行绑定，我们在对 image 组件进行拖动旋转操作时，由于 image 的父节点是 page，同一个拖动会触发两个操作，这样的结果就是也会拖动页面。而为了避免这种情况发生，我们只希望拖动 image，就要使用 catch 避免冒泡事件。catch 事件绑定可以阻止冒泡事件向上冒泡。在第 14 章马赛克中无需设置 catch 是由于特殊情况——canvas 中的触摸事件属于不可冒泡事件。小程序中的冒泡事件主要包括 touchstart（手指触摸动作开始）、touchmove（手指触摸后移动）、touchcancel（手指触摸动作被打断，如来电提醒，弹窗）、touchend（手指触摸动作结束）、tap（手指触摸后马上离开）、longtap（手指触摸后，超过 350ms 再离开）。

本程序样式文件 index.wxss 为空，接下来 judge.js 的编写代码如下：

```
//判断坐标系内顺时针还是逆时针
function judgeturn(x1, y1, x3, y3) {
    var x2 = 150
    var y2 = 150
    if ((x2 - x1) * (y3 - y2) - (y2 - y1) * (x3 - x2) > 0)
    return false
    else   return true
}
module.exports = {
    judgeturn: judgeturn
}
```

在第 15 章，我们在同一个 JS 文件中对函数进行了封装，实现画表针的功能，小程序中为了使代码更加清晰和便于修改，常将封装的函数单独作为一个 JS 文件。官方说法为模块化操作（将一些公共的代码抽离成为一个单独的 JS 文件，作为一个模块），模块只有通过 module.exports 或者 exports 才能对外暴露接口，在需要使用这些模块的文件中，使用 require(path)将公共代码引入。这个 judge.js 代码中只有一个函数 judgeturn，用来判断手指滑动是顺时针还是逆时针，顺时针返回真，逆时针返回假。关于如何进行代数上的判断，这里用到了向量差积的算法。这个理论相对复杂，读者只需知道结论即可，即设置三个点 P1(x1,y1)、P2（x2，y2）、P3（x3,y3），如果(x2 - x1) * (y3 - y2) - (y2 - y1) * (x3 - x2) > 0，则 P1-P2-P3 的方向为逆时针，小于 0 时则为顺时针。而这个案例中，P2 即为罗盘圆心，坐标为(150,150)。最后通过 module.exports 将接口暴露。

最后，逻辑层文件 index.js 的编写代码如下：

```
var animation
var angle = 0
var x1, y1, x3, y3
//引入JS
var util = require('judge.js')
Page({
  //创建动画
  onShow: function () {
    animation = wx.createAnimation({
```

```
        duration: 500,
        timingFunction: 'ease',
    })
  },

//滑动开始
  start: function (e) {
    x1 = e.touches[0].clientX
    y1 = e.touches[0].clientY
  },
//滑动结束
  end: function (e) {
    var that = this
    x3 = e.changedTouches[0].clientX
    y3 = e.changedTouches[0].clientY
    if (util.judgeturn(x1, y1, x3, y3)) {
      angle = angle + 35
      animation.rotate(angle).step()
      that.setData({
        anim: animation.export()
      })
    }
    else {
      angle = angle - 35
      animation.rotate(angle).step()
      that.setData({
        anim: animation.export()
      })
    }
  },
})
```

代码头部定义变量和引入judge模块文件，页面初始化后创建动画。动画API——wx.createAnimation的参数如表16-1所示。

表16-1　wx.createAnimation参数

参数	类型	必填	说明
duration	Integer	否	动画持续时间，单位ms，默认值400
timingFunction	String	否	定义动画的效果，默认值"linear"，有效值："linear""ease""ease-in""ease-in-out""ease-out""step-start""step-end"

续表

参数	类型	必填	说明
delay	Integer	否	动画延迟时间，单位 ms，默认值 0
transformOrigin	String	否	设置 transform-origin，默认为"50% 50% 0"

这些参数可以理解为一个动画效果，如速度快慢、淡进淡出。而动画如何移动、旋转、缩小是通过调用 animation 的方法来实现，如旋转的参数如表 16-2 所示。其他的方法可参考文档。

表 16-2 动画旋转参数

参数	类型	说明
rotate	deg	deg 的范围-180~180，从原点顺时针旋转一个 deg 角度
rotateX	deg	deg 的范围-180~180，在 X 轴旋转一个 deg 角度
rotateY	deg	deg 的范围-180~180，在 Y 轴旋转一个 deg 角度
rotateZ	deg	deg 的范围-180~180，在 Z 轴旋转一个 deg 角度
rotate3d	(x,y,z,deg)	同 transform-function rotate3d

调用动画操作方法后要调用 step()来表示一组动画完成，可以在一组动画中调用任意多个动画方法，一组动画中的所有动画会同时开始，并且一组动画完成后才会进行下一组动画。最后动画的输出通过 export 方法实现，并渲染给视图文件对应的组件。

通过手指滑动的开始和结束可以分别获取两个坐标，在结束的事件中调用判断顺时针还是逆时针的模块，进行图像的转动。为使每次滑动都能进行旋转，设置了初始变量 angle，每次增加或减少 35°，用以完成动画的连续操作。

PART17

视频讲解

第17章

回调函数——以QuickStart为例

■ 小程序的官方案例就是QuickStart，但是对于刚接触小程序的读者来说，QuickStart 比 HelloWorld 要复杂得多，直接学习比较困难。我们在学习了前面章节内容后，再返回来学习QuickStart就会豁然开朗，顺便可以复习一下前面章节的内容。QuickStart的代码编写习惯是一个老程序员的风格，使用了大量简写和回调函数的用法，初学者还不太习惯，等读者熟练后，就会觉得这样的写法非常简洁。

17.1 小程序功能

QuickStart 小程序的功能有两个，一个是进入页面后显示用户昵称和头像，另一个功能为单击头像后，显示访问 QuickStart 的时间记录日志。手机端效果如图 17-1 所示。

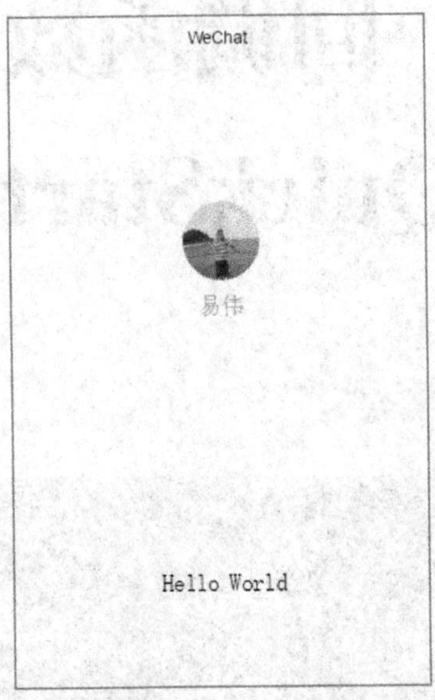

图 17-1 QuickStart

17.2 QuickStart 解读

QuickStart 项目无需我们编写，只要任意新建空项目，选中“在当前目录中创建 QuickStart 项目”即可，如图 17-2 所示。

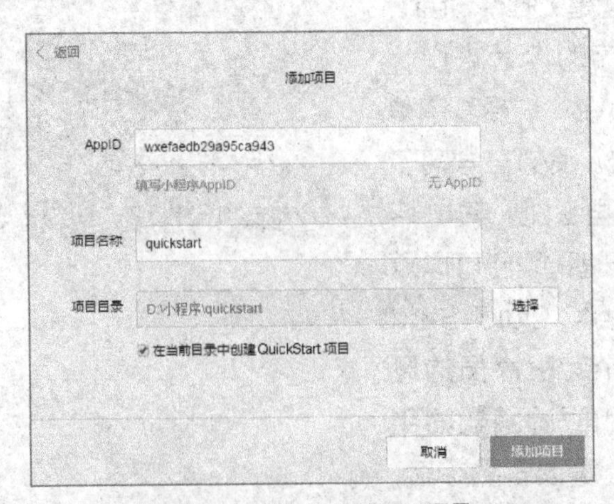

图 17-2 创建 QuickStart 项目

QuickStart 项目目录结构如图 17-3 所示，它包含两个页面 index 和 logs，还包含一个模块文件 utils.js。

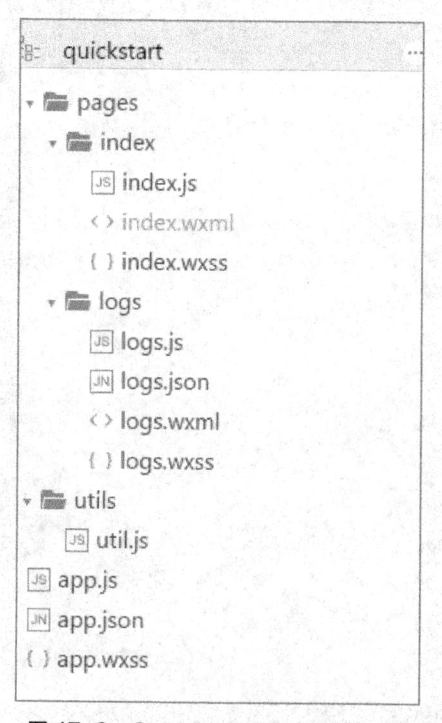

图 17-3 QuickStart 项目目录结构图

首先，文件 app.json 的编写代码如下，即注册两个页面。

```
{
  "pages":[
    "pages/index/index",
    "pages/logs/logs"
  ],
  "window":{
    "backgroundTextStyle":"light",
    "navigationBarBackgroundColor": "#fff",
    "navigationBarTitleText": "WeChat",
    "navigationBarTextStyle":"black"
  }
}
```

接下来，新文件 app.wxss 的编写代码如下，前面的章节我们并未使用该文件，它和 index.wxss 文件类似，也是样式文件，只不过是对全局样式的一个控制，如 QuickStart 中两个页面都有 container，为了避免两个页面重复书写，可以将共有的样式写在 app.wxss 中，样式定义也无特殊性，编写代码如下：

```
/**app.wxss
对页面共有样式container进行设置
高度100%，
布局flex，
纵向排列
子项对齐方式居中（图像、hello world）
内容对齐方式：平均对齐
上内边距 200rpx
边框盒模型不考虑内边距
**/
.container {
  height: 100%;
  display: flex;
  flex-direction: column;
  align-items: center;
  justify-content: space-between;
  padding: 200rpx 0;
  box-sizing: border-box;
}
```

接下来文件 app.js 的编写代码如下：

```
//app.js
App({
  onLaunch: function () {
    //调用API从本地缓存中获取数据，标签为logs,如果为null，则赋值为空,var xxll 为简写形式
    var logs = wx.getStorageSync('logs') || []
    //将logs数组开头添加当前时间
    logs.unshift(Date.now())
    //存储logs到缓存
    wx.setStorageSync('logs', logs)
  },
  //定义获取用户信息函数，cb为callback回调函数
  getUserInfo:function(cb){
    var that = this
    //如果全局变量userInfo不为空
    if(this.globalData.userInfo){
      //cb为函数时，返回全局变量userInfo
      typeof cb == "function" && cb(this.globalData.userInfo)
    }else{
      //调用登录接口
```

```
        wx.login({
          //成功登录
          success: function () {
            //获取用户信息
            wx.getUserInfo({
              success: function (res) {
                //全局变量userInfo赋值
                that.globalData.userInfo = res.userInfo
                typeof cb == "function" && cb(that.globalData.userInfo)
              }
            })
          }
        })
      }
    },
    //全局变量usrInfo为null
    globalData:{
      userInfo:null
    }
})
```

小程序启动时定义 logs 变量，意味着只从本地缓存中取标签为 logs 的值，如果本地缓存没有，则赋值为空数组。代码使用的 var xx || yy 是一种简写方式，表示赋值为 x 或 y。x 为真时就取 x，否则取 y。

赋值后将当前的时间添加到数组首位，这里用的语句是 unshift。最后再保存到本地缓存中，标签为 logs。

接下来定义了 getUserInfo 函数，用来获取用户信息，根据是否为空值分别获取。不为空的语句里使用了回调函数的用法。cb 表示 callback。

回调函数的英文定义是 A callback is a function that is passed as an argument to another function and is executed after its parent function has completed. 回调就是一个函数的调用过程。若函数 a 有一个参数，而这个参数是函数 b，当函数 a 执行完以后执行函数 b，那么这个过程就叫回调。exp1 && exp2 又是一种简写，表示 exp1 为 true 时，执行 exp2，当 exp1 为 false 时，exp2 不会执行。typeof cb == "function" && cb(value)常用来判断 cb 的赋值是不是函数。初学者即使暂时无法理解回调函数也没有问题，只要知道这里的作用是获取用户信息即可。

最后定义了全局变量 userInfo。

接下来看 index 目录，index.wxml 的编写代码如下：

```
<!--index.wxml-->
<view class="container">
  <view  bindtap="bindViewTap" class="userinfo">
    <image class="userinfo-avatar" src="{{userInfo.avatarUrl}}"
    background-size="cover"></image>
    <text class="userinfo-nickname">{{userInfo.nickName}}</text>
  </view>
  <view class="usermotto">
    <text class="user-motto">{{motto}}</text>
  </view>
</view>
```

background-size="cover" 是 CSS 的属性，含义为背景图像拉伸至背景全部。image 属性中并无此参数，删除并不影响开发。

index.wxss 的编写代码如下：

```
/**index.wxss**/
.userinfo {
  display: flex;
  flex-direction: column;
  align-items: center;
}

.userinfo-avatar {
  width: 128rpx;
  height: 128rpx;
  margin: 20rpx;
  border-radius: 50%;
}

.userinfo-nickname {
  color: #aaa;
}

.usermotto {
  margin-top: 200px;
}
```

样式定义并无特殊性，头像用 border-radius: 50%进行了圆化处理。

接下来看 util.js 的编写，为了结构清晰，util.js 单独放在了 utils 目录，编写代码如下：

```
//定义formatTime函数
function formatTime(date) {
  var year = date.getFullYear()
  var month = date.getMonth() + 1 //月份为0～11
  var day = date.getDate()

  var hour = date.getHours()
  var minute = date.getMinutes()
  var second = date.getSeconds()

//返回新数组，年月日/处理，小时分秒：处理，
  return [year, month, day].map(formatNumber).join('/') + ' ' + [hour, minute, second].map(formatNumber).
join(':')
}
//定义formatNumber函数，数字转字符串
function formatNumber(n) {
  n = n.toString()
  //三元运算符，两位数返回n，不是两位返回0+n，功能为2月替换为02月
  return n[1] ? n : '0' + n
}
//模块输出
module.exports = {
  formatTime: formatTime
}
```

util.js 的作用是格式化日期和时间。其中的 Date()方法返回格式为 Sun Jan 29 2017 11:16:40 GMT+0800（中国标准时间），日志显示不太美观；通过 util.js 模块可转化为 2017/01/29 11:16:40 的模式。定义函数名为 formatTime，参数为 date。定义获取年、月、日、时、分、秒，注意月的取值为 0～11，因此要加 1 处理。返回数值年、月、日中间加“/”，时、分、秒中间加“:”，用 map 重新整理数组。由于存在单数的情况，便定义了 formatNumber 函数，将单数都改为双数，单数前加 0。首先是数值转为字符串，返回时运用了三元运算符 a ?b：c，该运算符表示符合 a 条件执行 b，否则执行 c，这也是简化代码的一种形式。最后使用 module.exports 输出模块。

最后看 logs 目录的编写，logs.json 代码定义标题，编写代码如下：

```
{
    "navigationBarTitleText": "查看启动日志"
}
```

logs.wxml 的编写代码如下：

```
<!--logs.wxml-->
<view class="container log-list">
<!--block wx:for多节点结构列表渲染-->
  <block wx:for="{{logs}}" wx:for-item="log" wx:key="*this">
    <text class="log-item">{{index + 1}}. {{log}}</text>
  </block>
</view>
```

class 的命名中增加了空格，表示同时多个命名，即称作 container，也称作 log-list。container 可以继承 app.wxss 中的样式，log-list 也可以定义当前 view 独特的样式。block wx:for 可以渲染一个包含多节点的结构块，这个例子节点不多，block 可以替换为 view。wx:key 用来指定列表中项目的唯一的标识符。*this 代表在 for 循环中的 item 本身，这种表示需要 item 本身是一个唯一的字符串或者数字。定义 key 后可以加快渲染速度，在本例中也可以省去。由于 index 也是从 0 开始计数，因此进行+1 处理。

最后 logs.js 的编写代码如下：

```
//logs.js，调用模块
var util = require('../../utils/util.js')
Page({
  data: {
    logs: []
  },
  onLoad: function () {
    this.setData({
    //缓存获取logs数据或取空数组，处理后返回一个新数组，处理方法为新建当前日期时间并按格式化
      logs: (wx.getStorageSync('logs') || []).map(function (log) {
        return util.formatTime(new Date(log))
      })
    })
  }
})
```

首先调用模块。初始化赋值 logs 为空数组。页面加载渲染时用到了||简化操作，即如果 wx.getStorageSync('logs')不为 null，就取它的值，如果为 null，就取空数列[]，并对后面的数组格式化又进行了简写。如果完整书写，就类似于下面这样的写法。实现将保存在缓存中的时间数组进行格式化操作。

```
array.map(callback(log))
    var callback=function(log){
    var b=new Date(log)
    var c= util.formatTime(b)
    return c
    }
```

PART18

视频讲解

第18章

上传下载和录音API——以普通话练习为例

本章重点：

上传下载

音频播放控制和录音API

■ 本章以一个普通话练习的小程序来学习小程序的上传下载功能，同时学习音频播放控制和录音 API。类似已上线小程序可参考恋人清单。

18.1 小程序功能

本章小程序的功能为用户可以从服务器下载一段普通话进行学习，也可以自己录音并进行上传。手机效果如图 18-1 所示。

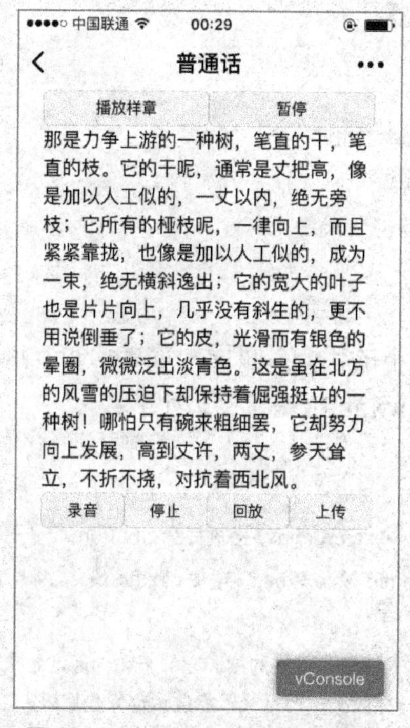

图 18-1　普通话小程序手机效果图

18.2 小程序编写

新建项目 putong，目录结构如图 18-2 所示。

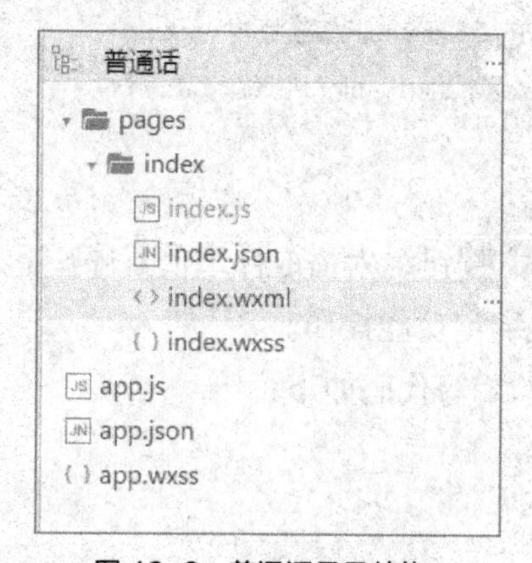

图 18-2　普通话目录结构

app.js 和 app.wxss 暂时不编写。app.json 的编写代码如下，即对目录下的页面进行配置。

```
{
  "pages":[
       "pages/index/index"
  ],
  "window":{
    "backgroundTextStyle":"light",
    "navigationBarBackgroundColor": "#fff",
    "navigationBarTitleText": "普通话",
    "navigationBarTextStyle":"black"
  }
}
```

接下来编写 index 目录下的代码，页面配置继承 app.json，因此 index.json 为空，不做修改。视图文件 index.wxml 的编写代码如下：

```
<view class="page">
  <view class="btn">
    <button class="b" bindtap="play" size="mini">播放样章</button>
    <button class="b" bindtap="pause" size="mini">暂停</button>
  </view>
<label>那是力争上游的一种树，笔直的干，笔直的枝。它的干呢，通常是丈把高，像是加以人工似的，一丈以内，绝无旁枝；它所有的桠枝呢，一律向上，而且紧紧靠拢，也像是加以人工似的，成为一束，绝无横斜逸出；它的宽大的叶子也是片片向上，几乎没有斜生的，更不用说倒垂了；它的皮，光滑而有银色的晕圈，微微泛出淡青色。这是虽在北方的风雪的压迫下却保持着倔强挺立的一种树！哪怕只有碗来粗细罢，它却努力向上发展，高到丈许，两丈，参天耸立，不折不挠，对抗着西北风。</label>
  <view class="btn">
    <button class="b" bindtap="record" size="mini">录音</button>
    <button class="b" bindtap="stop" size="mini">停止</button>
    <button class="b" bindtap="play2" size="mini">回放</button>
    <button class="b" bindtap="upload" size="mini">上传</button>
  </view>
</view>
```

中间为普通话内容，上方按钮组为播放样章及暂停，下方按钮组为录音、停止、回放及上传，并且对每个按钮绑定功能操作。

样式文件 index.wxss 的编写代码如下：

```
.page {
  margin: 0rpx 50rpx 50rpx 50rpx;
}
```

```
.btn {
  display: flex;
  flex-direction: row;
}
.b {
  flex: 1;
}
```

样式文件中主要对按钮进行 flex 布局，采取平均分配。

逻辑层文件 index.js 的编写代码如下：

```
var tempFilePath
Page({
  //播放样章
  play: function (e) {
    //下载
    wx.downloadFile({
      url: 'https://79966767.qcloud.la/xcx/yangzhang.silk',
      success: function (res) {
        //播放
        wx.playVoice({
          filePath: res.tempFilePath,
        })
      }
    })
  },
  //暂停
  pause: function (e) {
    wx.pauseVoice()
  },

  //录音
  record: function (e) {
    wx.startRecord({
      success: function (res) {
        tempFilePath = res.tempFilePath
      }
    })
  },
  //录音停止
  stop: function (e) {
```

```
    wx.stopRecord()
  },
  //回放
  play2: function (e) {
    wx.playVoice({
      filePath: tempFilePath,
    })
  },
  //上传
  upload: function (e) {
    wx.uploadFile({
      url: 'https://79966767.qcloud.la/xcx/up.php',
      filePath: tempFilePath,
      name: 'file',
    })
  }

})
```

逻辑层主要实现对应按钮的功能。若播放样章需要首先从服务器下载普通话样章，调用上传下载 API 中的 wx.downloadFile。wx.downloadFile 作用为下载服务器资源到本地，请求方式为 HTTPS GET 请求，返回文件的本地临时路径。wx.downloadFile 参数如表 18-1 所示。

表 18-1　wx.downloadFile 参数

参数	类型	必填	说明
url	String	是	下载资源的 url
header	Object	否	http 请求 header
success	Function	否	下载成功后以 tempFilePath 的形式传给页面，res = {tempFilePath: '文件的临时路径'}
fail	Function	否	接口调用失败的回调函数
complete	Function	否	接口调用结束的回调函数（调用成功、失败都会执行）

注意 url 需要安全域名，也就是要保存在前面章节设置好的腾讯云上。小程序目前支持的语音文件格式为 silk，可以通过下面的上传功能转换文件格式。

下载完成后，在 success 中可以通过 res .tempFilePath 获取下载文件的临时路径。接着调用音频播放控制 API 中的 wx.playVoice，功能为播放音频，参数如表 18-2 所示。

表 18-2 wx.playVoice 参数

参数	类型	必填	说明
filePath	String	是	需要播放的语音文件的文件路径
success	Function	否	接口调用成功的回调函数
fail	Function	否	接口调用失败的回调函数
complete	Function	否	接口调用结束的回调函数（调用成功、失败都会执行）

暂停音频为 wx.pauseVoice()，结束音频为 wx.stopVoice()。

录音功能调用的是录音 API 中的 wx.startRecord，从麦克进行录音，需要在真机中进行运行，并且需要获取用户的允许，参数如表 18-3 所示。

表 18-3 wx.startRecord 参数

参数	类型	必填	说明
success	Function	否	录音成功后调用，返回录音文件的临时文件路径，res = {tempFilePath: '录音文件的临时路径'}
fail	Function	否	接口调用失败的回调函数
complete	Function	否	接口调用结束的回调函数（调用成功、失败都会执行）

录音调取时在程序开始定义 tempFilePath 变量，并在 success 中获取临时路径以备后期上传所用。

录音结束的参数为 wx.stopRecord()。

文件上传需要调用的 API 中的 wx.uploadFile，参数如表 18-4 所示。

表 18-4 wx.uploadFile 参数

参数	类型	必填	说明
url	String	是	开发者服务器 url
filePath	String	是	要上传文件资源的路径
name	String	是	文件对应的 key，开发者在服务器端通过这个 key 可以获取到文件二进制内容
header	Object	否	http 请求 header，header 中不能设置 referer
formData	Object	否	http 请求中其他额外的 form data
success	Function	否	接口调用成功的回调函数

上传的 url 也需要安全域名，发起的是一个类似表单的 post 请求，name 参数相当于表单中 input 的 name。对应服务器中使用$_FILES["file"]中的 file。

最后，服务器端的 up.php 的编写代码如下：

```
<?php
$b=time();
```

```
$b=strval($b);
$a=$b.'.silk';
move_uploaded_file($_FILES["file"]["tmp_name"], "upload/" . $a);
?>
```

服务器代码中使用 move_uploaded_file 处理上传文件，move_uploaded_file 的用法为 move_uploaded_file (file,newloc),file 表示移动的文件,newloc 为文件的新位置,将临时文件保存到 upload 目录下。由于小程序保存录音的文件名默认为 wx-file.silk，为避免多个用户保存的文件不会覆盖，对文件名以 unix 时间戳进行重命名。$_FILES 为 PHP 中的超级全局变量，其作用是存储各种与上传文件有关的信息，它是一个二维数组。第一个数组的参数就是 wx.uploadFile 对应的 name，如 file。第二个数组参数含义如下：

$_FILES["file"]["name"]：被上传文件的名称；

$_FILES["file"]["type"]：被上传文件的类型；

$_FILES["file"]["size"]：被上传文件的大小，以字节计；

$_FILES["file"]["tmp_name"]：存储在服务器的文件的临时副本的名称；

$_FILES["file"]["error"]：由文件上传导致的错误代码。

以上为简单的一个上传下载案例，如需使用大容量存储，可以使用腾讯云的云对象存储。

PART19

视频讲解

第19章

第三方工具

本章重点：

VSCode ■

■ 合理使用第三方工具，可以加快小程序的开发。本章介绍常用的第三方开发工具，包括代码编辑器及视图拖曳布局，有兴趣的读者可深入挖掘，并结合自己的经济水平选用。

19.1 VSCode

小程序自带的微信 Web 开发者工具功能齐全，特别是自带模拟器功能，但该工具对代码的编辑并不是最佳。除了可以使用微信 Web 开发者工具，例如 Notepad++这类工具，我们还可以使用其他的代码编辑工具，如 Visual Studio Code。

Visual Studio Code 是 Microsoft 在 2015 年 4 月 30 日推出的基于 Mac OS X、Windows 和 Linux 系统之上的，针对于编写现代 Web 和云应用的跨平台源代码编辑器。

根据系统版本下载后选择默认安装，在左侧边栏第五个图标选择扩展，在上方搜索框输入 wechat，将小程序的 3 个扩展包安装完毕，如图 19-1 所示。

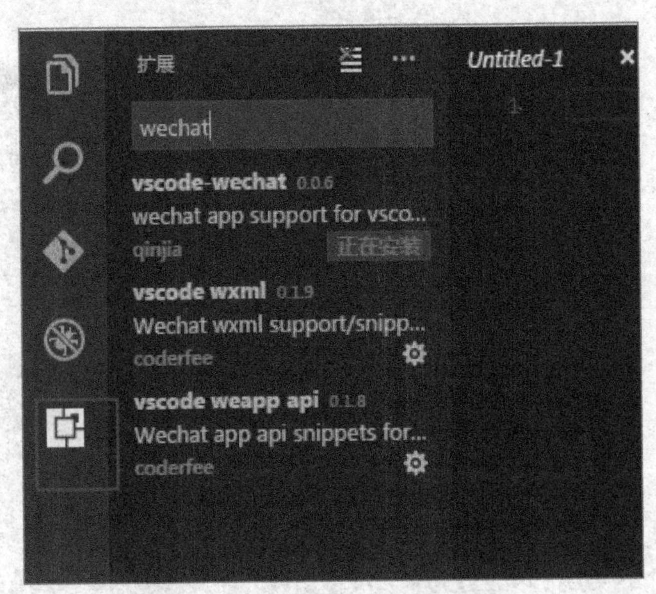

图 19-1 安装 VSCode 小程序扩展包

安装好扩展包后，JS 和 JSON 文件编辑中支持 API 提示和自动补写，WXSS 文件也会自动显示样式颜色等特性。读者可以在 VSCode 中编辑好代码，再到微信 Web 开发者工具进行模拟器调试。

19.2 CoolSite360

CoolSite360 是一款微信小程序 UI 设计工具，支持组件拖曳、Flex 布局，并且可以导出到微信 Web 开发者工具进行二次开发。CoolSite360 同时提供了一些常用的页面模板，用户可以套用模板进行快速开发，如图 19-2 所示。

图 19-2　CoolSite360 编辑界面

19.3　有赞小程序

有赞小程序是有赞推出的一键式生产小程序的项目，比较适合电商类小程序，特别是已经在有赞开店的商家。店铺模板具有店铺展示、商品浏览、下单购买、订单查询等功能。用户只需进行小程序注册，有赞后台即可帮助用户生成模板化的小程序，目前价格是 12 个月 580 元。有赞小程序界面如图 19-3 所示。

图 19-3　有赞小程序

19.4 微信小程序 CLUB

微信小程序 CLUB 是一个微信小程序社区，该社区的特点是开设小程序专栏，内容为一些有经验的开发者写的系列文章，对开发者有较大的参考价值。另外该社区提供了 API 应用中心，为初学者提供基于 HTTPS 的数据储存功能 API，方便初学者学习使用并顺利过渡，图 19-4 所示为 list 的 API。

接口名称：列表读取

接口描述：读取数据列表，返回数组数据

接口地址：https://api.wxappclub.com/list

参数：

参数名称	是否必填	描述
appkey	必填	开发者Key
type	选填(不填写读取的put时没有写type的数据，填写则读取指定分类数据)	类型
sessionId	选填	如果填写则必须登录用户才可以访问，user方法会返回该sessionId
columns	选填(如果使用columns，则必须填写keywords)	指定列进行关键词匹配使用，可以数组写多个列
keywords	选填	匹配关键词查询
currentPage	选填	分页读取时，当前读取第几页
pageSize	选填	分页读取时，每页多少条，默认10条
asc	选填	指定属性列升序排列，不可与desc同时使用
desc	选填	指定属性列降序排列，不可与asc同时使用

图 19-4 微信小程序 CLUB 的 list API

19.5 野狗云 SDK

野狗云为提供实时后端云服务的产品，有实时数据同步、实时视频通话、即时通信、短信和身份认证等功能。它推出的野狗微信小程序客户 SDK，支持 HTTPS 和 WSS，野狗云提供数据映射，可以代替部分数据库的功能。

19.6 又拍云

又拍云为提供云存储和网站加速的网站，目前推出了免费 SLL 证书。使用又拍云存储的用户可以免费申请 SSL，进行 https 部署。该 SSL 证书是又拍云联合 Let's Encrypt 推出的，又拍云为用户提供证书申请与管理一站式服务，自动续展。

19.7 小程序商店

微信官方不推出小程序商店，因此很多第三方机构推出了小程序商店，对小程序进行分类介绍和展示，如知晓程序的微信小程序商店。读者可以访问这些商店，对这些已经上架的小程序进行借鉴，如图 19-5 所示。

图 19-5　小程序商店

PART20

视频讲解

第20章

代码调试

本章重点：

开发工具中调试 ■

手机端调试 ■

■ 程序的编写离不开代码的调试，本章介绍微信小程序编写过程中编程工具和手机端的代码调试功能。

20.1 开发工具中调试

微信小程序的微信 Web 开发者工具自带代码报错功能，如缺少括号等，出错时在 Console 面板也会进行提示。在编写代码时可以充分利用 console.log 功能，在各个程序运行阶段进行输出。又如小程序 API 中都有回调函数，可以调用 success、fail、complete，可以在这些回调函数中进行 console.log，从而确定哪一部分出错。对于小程序开发涉及的 Web 功能，也可以从服务器日志进行查询，或者先从 Web 端进行模拟请求，确保服务器端的程序正确，然后再来调试小程序端的功能。开发工具的调试面板功能如下。

1. Console 面板

Console 面板有两个功能，第一个功能是常见的报错信息和 log 日志，如图 20-1 所示。

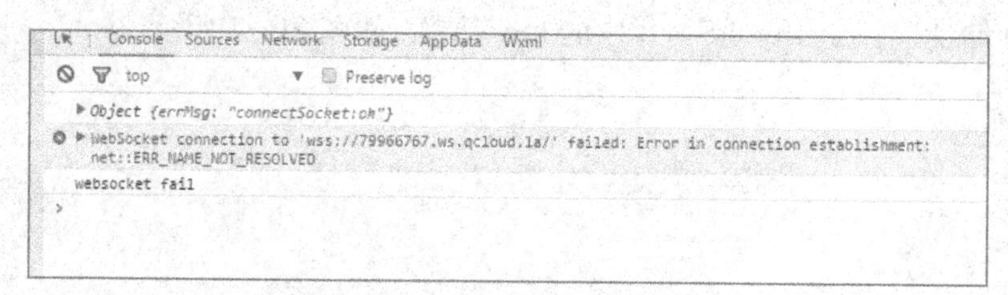

图 20-1 Console 面板显示错误

另一个功能是可以在此界面直接输入 JS 代码进行调试代码。

2. Sources 面板

Sources 面板用于显示当前项目的脚本文件，微信小程序框架会对脚本文件进行编译，所以在 Sources 面板中开发者看到的文件是经过处理之后的脚本文件，开发者的代码都会被包裹在 define 函数中。该面板还提供了断点调试的功能，如图 20-2 所示。

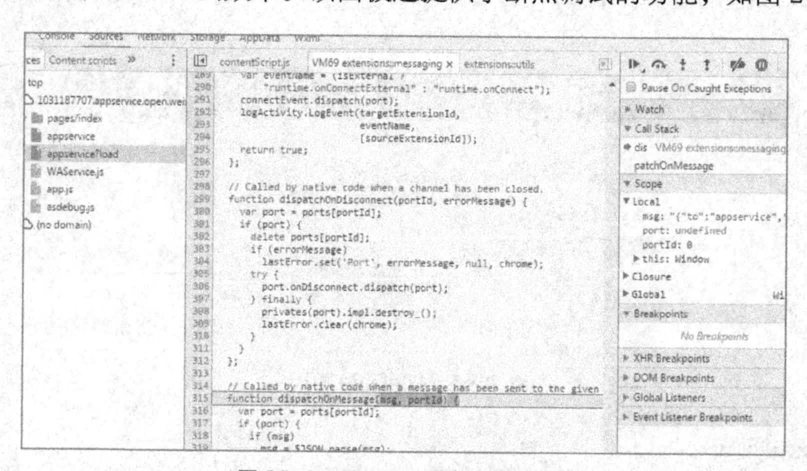

图 20-2 Sources 面板断点调试

3. Network 面板

Network 面板主要是和网络通信有关，显示 HTTPS 和 WSS 相关协议的情况，包括请求和相应的相关信息，如图 20-3 所示。

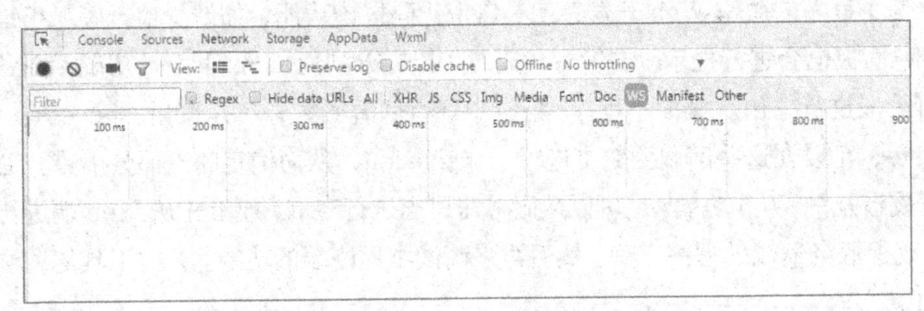

图 20-3　Network 面板调试

4. Storage 面板

Storage 面板用于显示当前项目中使用 wx.setStorage 或者 wx.setStorageSync 后的数据存储情况，如 QuickStart 中的 log 记录，如图 20-4 所示。

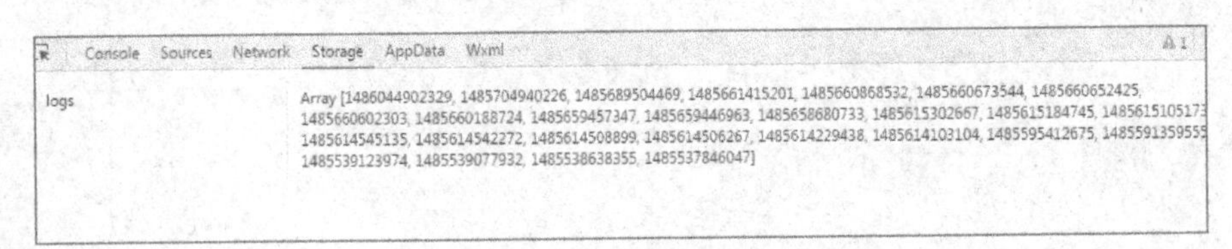

图 20-4　Storage 面板

5. AppData 面板

AppData 面板用于显示当前项目 AppData 的具体数据，实时地反馈项目数据情况，可以在此处编辑数据，并及时地反馈到界面上。如将 QuickStart 的 Hello 改为你好，如图 20-5 所示。

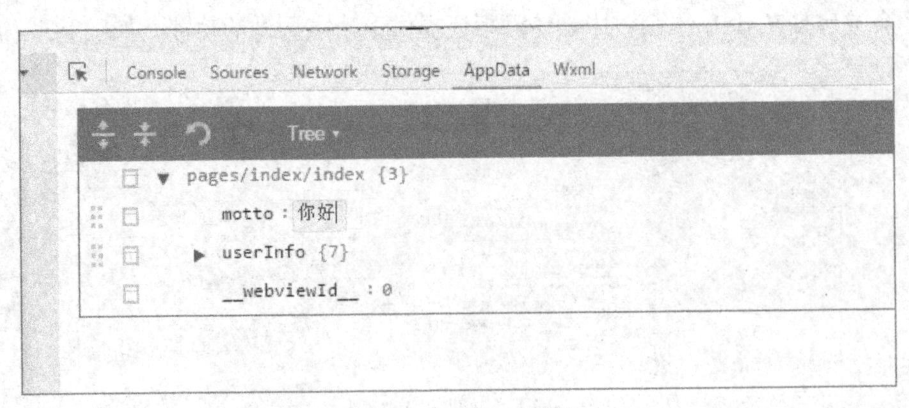

图 20-5　AppData 面板

6. Wxml 面板

Wxml 面板可以直观显示各组件 WXSS 对应属性，同时可以手动修改对应 WXSS

属性，并可以在模拟器中实时看到修改的情况。如图 20-6 所示。

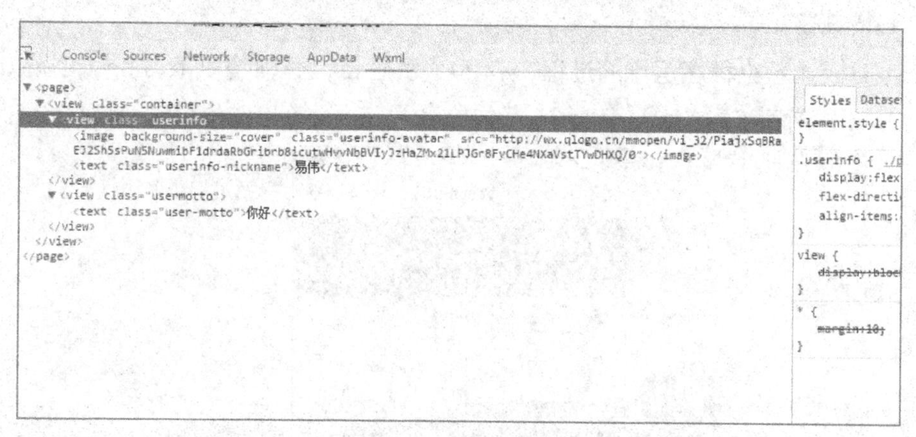

图 20-6　Wxml 面板

20.2　手机端调试

预览模式下打开小程序，单击右上角选中“打开调试”，重新连接后，右下角会出现 vConsole 菜单。单击菜单后也可以查看 log 日志，如图 20-7 所示。对于有 canvas 界面并遮挡了 log 日志的，可以使用 setData 功能将 log 信息输出到页面中。

在开发过程中，应尽量使用手机进行调试，小程序的一些功能在模拟器和真机上有所不同，并尽可能地在多个手机上进行测试，至少保证在 iOS 和 Android 两个版本的手机上进行测试。

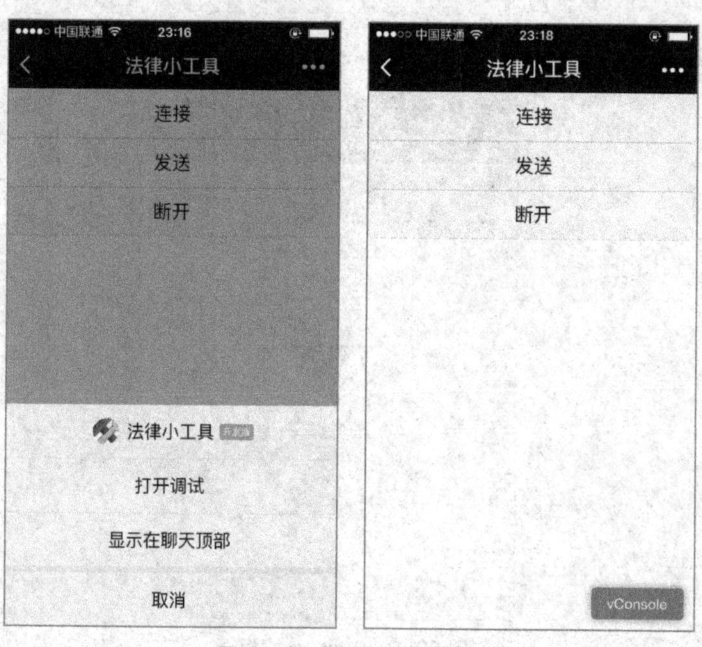

图 20-7　打开手机端调试

手机模式下调试面板功能如下。

1. Log 面板

Log 面板显示小程序运行的过程，有 5 个子栏目，分别是 All、Log（Console.log 信息）、Info（页面启动信息）、Warn（警告信息）、Error（出错信息），如图 20-8 所示。

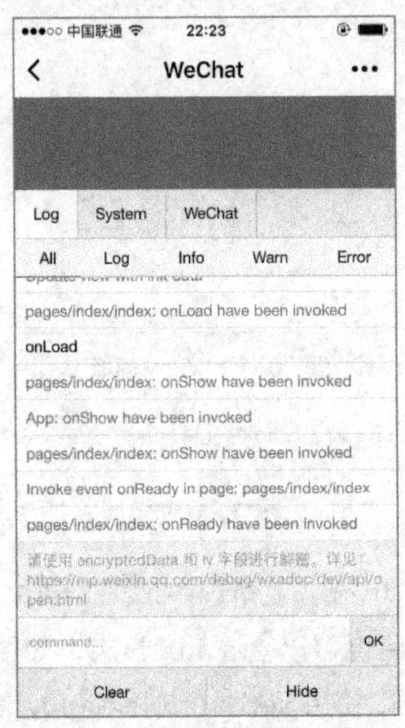

图 20-8 Log 面板

2. System 面板

System 面板显示手机的型号、微信版本、网络环境等，如图 20-9 所示。

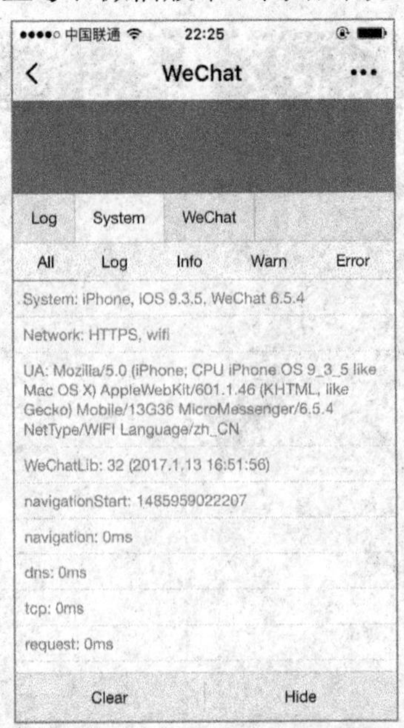

图 20-9 System 面板

3. WeChat 面板

WeChat 面板显示小程序运行过的 API，如图 20-10 所示。

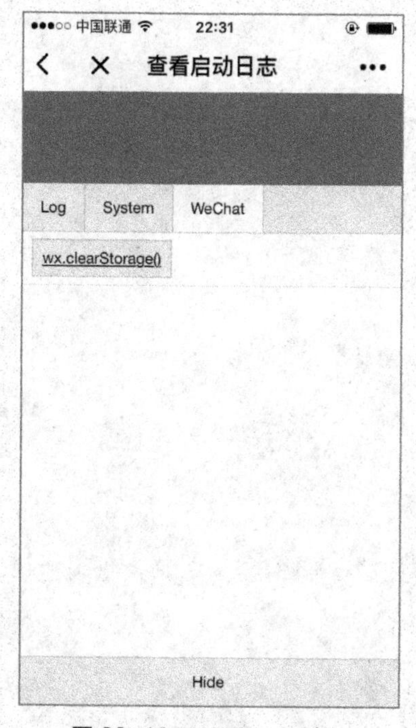

图 20-10 WeChat 面板